中国石油大学（华东）远程与继续教育系列教材

腐蚀与防腐

CORROSION AND PROTECTION

寇 杰 主编

中国石油大学出版社
CHINA UNIVERSITY OF PETROLEUM PRESS

图书在版编目(CIP)数据

腐蚀与防腐/寇杰主编. —东营:中国石油大学
出版社,2016.5
ISBN 978-7-5636-5255-6

Ⅰ.①腐… Ⅱ.①寇… Ⅲ.①石油与天然气储运—机
械设备—防腐—函授教育—教材 Ⅳ.①TE988

中国版本图书馆 CIP 数据核字(2016)第 117344 号

书　　名:腐蚀与防腐
作　　者:寇　杰

责任编辑:秦晓霞(电话 0532—86983567)
封面设计:悟本设计

出 版 者:中国石油大学出版社(山东 东营　邮编 257061)
网　　址:http://www.uppbook.com.cn
电子信箱:shiyoujiaoyu@126.com
印 刷 者:青岛炜瑞印务有限公司
发 行 者:中国石油大学出版社(电话 0532—86981531,86983437)
开　　本:185 mm×260 mm　印张:11.75　字数:241 千字
版　　次:2016 年 7 月第 1 版第 1 次印刷
定　　价:32.00 元

中国石油大学(华东)
远程与继续教育系列教材编审委员会

总序

从 1955 年创办函授夜大学至今,中国石油大学成人教育已经走过了从初创、逐步成熟到跨越式发展的 60 年历程。多年来,我校成人教育紧密结合社会经济发展需求,积极开拓新的服务领域,为石油石化企业培养、培训了 20 多万名本专科毕业生和管理与技术人才,他们中的大多数已经成为各自工作岗位的骨干和中坚力量。我校成人教育始终坚持"规范管理、质量第一"的办学宗旨,坚持"为石油石化企业和经济建设服务"的办学方向,赢得了良好的社会信誉。

自 2001 年 1 月教育部批准我校开展现代远程教育试点工作以来,我校以"创新教育观念"为先导,以"构建终身教育体系"为目标,整合函授夜大学教育、网络教育、继续教育资源,建立了新型的教学模式和管理模式,构建了基于卫星数字宽带和计算机宽带网络的现代远程教育教学体系和个性化的学习支持服务体系,有效地将学校优质教育资源辐射到全国各地,全力打造出中国石油大学现代远程教育的品牌。目前,办学领域已由创办初期的函授夜大学教育发展为今天的集函授夜大学教育、网络教育、继续教育、远程培训、国际合作教育于一体的,在国内具有领先水平、在国外具有一定影响的现代远程开放教育系统,成为学校高等教育体系的重要组成部分和石油石化行业最大的成人教育基地。

为适应现代远程教育发展的需要,学校于 2001 年 9 月正式启动了网络课程研制开发和推广应用项目,斥巨资实施"名师名课"教学资源精品战略工程,选拔优秀教师开发网络教学课件。随着流媒体课件、WEB 课件到网络课程的不断充实与完善,建构了内容丰富、形式多样的网络教学资源超市,基于网络的教学环境初步形成,远程教育的能力有了显著提高,这些网上教学资源的建设与研发为我校远程教育的顺利发展起到了支撑和保障作用。相应地,作为教学资源建设的一个重要组成部分,与网络教学课件相配套的纸质教材建设就成为一项愈来愈重要的任务。根据学校远程与继续教育发展规划,在"十三五"期间,学校将重点加强教学资源建设工作,选聘石油石化行业和有关石油高校专家、学者参与系列教材的开发和编著工作,计划用5年的时间,组织出版所开设专业的远程与继续教育系列教材。系列教材将充分吸收科学技术发展和成人教育教学改革最新成果,体现现代教育思想和远程教育教学特点,具有先进性、科学性和远程教育教学的适用性,形成纸质教材、多媒体课件、网上教学资料互为补充的立体化课程学习包。

　　为了保证远程与继续教育系列教材编写出版进度和质量,学校专门成立了远程与继续教育系列教材编审委员会,对系列教材进行严格的审核把关,中国石油大学出版社也对系列教材的编辑出版给予了大力支持和积极配合。远程与继续教育系列教材的建设经过探索阶段,逐步形成了稳定的开发模式,并形成了教材与数字化教学资源一体化设计、内容上以应用为轴心和以能力为本位、形式上适应成人学生自主学习需要的鲜明特色。我们相信,在广大专家、学者们的共同努力下,一定能够创造出体现现代远程教育教学和学习特点的,体系新、水平高的远程与继续教育系列教材。

编委会

2015 年 7 月

前　言

近几年来,腐蚀与防腐技术在设计、施工和管理的各个领域内都日趋成熟,并在科研与生产应用上取得了丰硕成果。但腐蚀现象仍然普遍存在,且腐蚀破坏容易引起恶性突发事故,造成巨大的经济损失和严重的社会后果。美国每年因管道腐蚀造成的经济损失约 20 亿美元,英国约 17 亿美元,德国和日本各约 33 亿美元。作为油气勘探开发和储运的油气管道(包括油管、套管、长距离输油气管、出油管、油田油气集输管,以及注水注气、注二氧化碳、注聚合物管等),其失效形式主要表现为腐蚀失效。此外,腐蚀还极易造成管线内介质的跑、冒、滴、漏,污染环境而引起公害,甚至发生中毒、火灾、爆炸等恶性事故。大量的研究表明,尽管腐蚀很难完全避免,但可以控制。因此,了解油气管道的腐蚀机理、影响因素和控制方法具有重要的意义。

腐蚀与防腐是一门综合性学科,涵盖了材料学、固体物理学、电磁学、化学、电化学、测试电子学和计算机学等学科内容。本书是根据网络函授学生培养要求编写的一本专业教材,主要介绍了与油气储运设施腐蚀和防护相关的内容,可供油气储运工程专业学生及相关人士学习。

本书特别注重理论与实际相结合,在书中介绍了过去实际发生的案例,通过案例分析可以更加清晰、深刻地理解理论知识。书中还设有扩展阅读、信息岛等模块,拓宽学生知识面,增加学生学习兴趣。另外,每章都有思考与练习,方便学生进一步复习和巩固学过的内容。本书包括绪论、电化学腐蚀基础、腐蚀破坏形式和腐蚀控制方法、杂散电流腐蚀与防护等 5 章内容,系统地介绍了油气储运设施的各种腐蚀现象,并提出了对应的防腐措施,一定程度上反映了油气储运腐蚀与防腐技术的新进展。其中,第 1 章主要介绍了腐蚀研究的意义、腐蚀的定义及特点、腐蚀的分类以及腐蚀领域的研究进展等基本知识;第 2 章主要描述了腐蚀电池、电极电位、金属的极化与去极化、金属钝化、金属 E-pH 图及其应用等腐蚀科学理论;第 3 章阐述了金属腐蚀形态,重点介绍了点蚀、晶间腐蚀、选择性腐蚀、应力腐蚀等常见局部腐蚀的特征、机理及控制方法,

1

同时也对环境(土壤、大气、海水)腐蚀性和影响因素进行了概括;第4章详细叙述了(油气管道)腐蚀控制的方法,即通过选择耐腐蚀材料和结构优化,以及采用电化学保护、涂层与绝缘层保护和缓蚀剂进行腐蚀控制;第5章对杂散电流腐蚀与防护进行了描述,包括杂散电流的定义及分类、杂散电流腐蚀的判定指标、杂散电流的危害及防护措施等。

在本书编写过程中,研究生张新策做了大量的查阅资料、格式排版和文字录入工作,在此向他表示感谢。

在本书编写过程中,参考、引用了大量国内外腐蚀科学方面的专家、学者的著作和研究成果,在此一并表示衷心的感谢。

由于编者水平有限,书中难免有不当和错误之处,敬请广大读者批评指正。

编　者

2016 年 1 月

目 录

第 **1** 章

绪 论

众所周知,材料、能源和信息是现代文明的三大支柱。人类文明的进步与日新月异的材料发展是分不开的。一般来说,材料在环境中服役时有三种基本失效形式,腐蚀是其中较重要的一种,是材料研究的重要组成部分。

腐蚀科学是一门涉及大量现实工程问题的学科,包括冶金、石油、化工、海洋工程等领域,可以说世界上一切材料都有一个在环境作用下被腐蚀和控制腐蚀的问题。腐蚀科学之所以成为一门迅速发展的科学,是因为它的宗旨是控制腐蚀,造福人类。

📖 扩 展 阅 读

材料在环境中服役的三种基本失效形式:断裂、腐蚀和磨损。其主要的失效致因和宏观表象见表1-1。

表 1-1　材料三种基本失效形式

失效形式	失效致因	变化方式	宏观表象	相应学科
断 裂	力 学	突 变	韧性断裂,先变形、后断裂;脆性断裂,没有宏观塑变;先形成裂纹,扩展到一定程度后断裂,如疲劳、应力腐蚀、氢脆等	断裂力学
腐 蚀	电化学、化学	渐 变	损伤由表及里,材料耗损,出现腐蚀产物,材料增重或失重,失去金属光泽	腐蚀科学
磨 损	机械运动、力学		产生磨屑使材料消耗,表面划伤、形状和尺寸改变	摩擦学、磨损理论

第一节　腐蚀研究的意义

一、腐蚀研究的原因

1. 腐蚀会造成重大的经济损失

腐蚀研究的原因首先来自经济方面,这是腐蚀学科发展的原动力。腐蚀给国民经济带来巨大损失,据估计,全世界每年因腐蚀报废的钢铁产品相当于其年产量的30%~40%,假如其中的2/3可回炉再生,仍约有10%的钢铁由于腐蚀而一去不复返。损失除包括材料本身的价值外,还包括设备的造价,为控制腐蚀而采用的合金元素、防腐涂层、镀层、衬层等费用,为调节外部环境而加入的缓蚀剂、中和剂费用及进行电化学保护、监测试验费用等等。表1-2列举了一些国家的年腐蚀损失。

表 1-2　一些国家的年腐蚀损失

国　家	时　间	年腐蚀损失	占国民经济总产值的比例/%
美　国	1949 年	55 亿美元	
	1975 年	820 亿美元(向国会报告为 700 亿美元)	4.9(4.2)
	1995 年	3 000 亿美元	4.21
	1998 年	2 757 亿美元	
英　国	1957 年	6 亿英镑	
	1969 年	13.65 亿英镑	3.5
日　本	1975 年	25 509.3 亿日元	
	1997 年	39 376.9 亿日元	
前苏联	1975	196~211 亿美元	2
	1987 年	907~1 059 亿美元	2
联邦德国	1968—1969 年	190 亿马克	3
	1982 年	450 亿马克	
瑞　典	1986 年	350 亿瑞典法郎	
印　度	1960—1961 年	15 亿卢比	
	1984—1985 年	400 亿卢比	
澳大利亚	1973 年	4.7 亿澳元	
	1982 年	21 亿美元	
捷　克	1986 年	150 亿捷克法郎	

 信 息 岛

工业发达国家每年由于金属腐蚀而引起的直接经济损失占全年国民经济总产值的 2%～4%。1995 年美国全年腐蚀损失的统计数字为 3 000 亿美元,美国全国腐蚀工程师协会(NACE)主席 Holtsbaum 称人均损失 1 100 美元。我国 1988 年腐蚀直接损失 300 亿～600 亿元;1995 年腐蚀直接损失 1 500 亿元,每天 4 亿元,人均约 120 元;2000 年报道表明,每年腐蚀造成的经济损失约 2 288 亿元。

2. 腐蚀易引发安全问题和环境危害

腐蚀极易造成设备的跑、冒、滴、漏,污染环境而引起公害,甚至发生中毒、火灾、爆炸等恶性事故。图 1-1 为"11·22"中石化东黄输油管道泄漏爆炸事故现场。

▌▌典型案例

山东省青岛市"11·22"中石化东黄输油管道泄漏爆炸事故

图 1-1 "11·22"中石化东黄输油管道泄漏爆炸事故现场

一、事故概况

2013 年 11 月 22 日 10 时 25 分,位于山东省青岛经济技术开发区的中国石油化工股份有限公司管道储运分公司的东黄输油管道原油泄漏进入市政排水暗渠,在密闭空间的暗渠内形成油气积聚,遇火花发生爆炸,造成 62 人死亡、136 人受伤,直接经济损失 75 172 万元。

东黄输油管道于 1985 年建设,1986 年 7 月投入运行,起自山东省东营市东营首站,止于青岛经济技术开发区黄岛油库。设计输油能力 2 000×10⁴ t/a,设计压力 6.27 MPa。管道全长 248.5 km,管径 711 mm,材料为 API 5LX-60 直缝焊接钢管。管道外壁采用石油沥青布防腐,外加电流阴极保护。1998 年 10 月改由黄岛油库至东

营首站反向输送,输油能力 1 000×10⁴ t/a。输油管道在青岛经济技术开发区秦皇岛路桥涵南半幅顶板下架空穿过,与排水暗渠交叉。桥涵内设 3 座支墩,管道通过支墩洞孔穿越暗渠,顶部距桥涵顶板 110 cm,底部距渠底 148 cm,管道穿过桥涵两侧壁部位采用细石混凝土进行封堵。管道泄漏点位于秦皇岛路桥涵东侧墙体外 15 cm,处于管道正下部位置。如图 1-2 所示,爆炸时由于冲击波威力巨大将水泥地板连同路上的汽车一并掀起。

图 1-2　爆炸冲击波掀起水泥地板

事故发生段管道沿开发区秦皇岛路东西走向,采用地埋方式敷设。北侧为青岛丽东化工有限公司厂区,南侧有青岛益和电器集团公司、青岛信泰物流有限公司等企业。事故发生时,东黄输油管道输送埃斯坡、罕戈 1∶1 混合原油,密度 0.86 t/m³,饱和蒸气压 13.1 kPa,蒸气爆炸极限为 1.76%～8.55%,闭口杯闪点−16 ℃。油品属轻质原油。原油出站温度 27.8 ℃,满负荷运行出站压力 4.67 MPa。

二、事故原因和性质

(1)事故原因。

输油管道与排水暗渠交汇处管道腐蚀减薄、管道破裂,造成原油泄漏,流入排水暗渠及反冲到路面。原油泄漏后,现场处置人员采用液压破碎锤在暗渠盖板上打孔破碎,产生撞击火花,引发暗渠内油气爆炸。

(2)原因分析。

通过现场勘验、物证检测、调查询问、查阅资料,并经综合分析认定:由于与排水暗渠交叉段的输油管道所处区域土壤盐碱和地下水氯化物含量高,同时排水暗渠内随着潮汐变化海水倒灌,输油管道长期处于干湿交替的海水及盐雾腐蚀环境,加之管道受到道路承重和振动等因素影响,导致管道加速腐蚀减薄、破裂,造成原油泄漏。泄漏点位于秦皇岛路桥涵东侧墙体外 15 cm,处于管道正下部位置。经计算、认定,原油泄漏量约 2 000 t。

泄漏原油部分反冲出路面,大部分从穿越处直接进入排水暗渠。泄漏原油挥发的油气与排水暗渠空间内的空气形成易燃易爆的混合气体,并在相对密闭的排水暗渠内积聚。由于原油从泄漏到发生爆炸达8个多小时,受海水倒灌影响,泄漏原油及其混合气体在排水暗渠内蔓延、扩散、积聚,最终造成大范围连续爆炸。图1-3为事后现场的整治情景。

图1-3 "11·22"中石化东黄输油管道燃爆事故的整治现场

(3)事故性质。

经调查认定,山东省青岛市"11·22"中石化东黄输油管道泄漏爆炸特别重大事故是一起生产安全责任事故。

三、事故防范和整改措施

(1)坚持科学发展、安全发展,牢牢坚守安全生产红线。

(2)切实落实企业主体责任,深入开展隐患排查治理。

(3)加大政府监督管理力度,保障油气管道安全运行。

(4)科学规划,合理调整布局,提升城市安全保障能力。

(5)完善油气管道应急管理,全面提高应急处置水平。

(6)加快安全保障技术研究,健全、完善安全标准规范。

3. 腐蚀会造成自然资源的巨大消耗

地球储藏的可用金属矿藏是有限的,腐蚀使金属变成了无用的、无法回收的散碎氧化物等,造成自然资源大量浪费。

腐蚀研究原因的第三个领域来自节约资源、能源方面的考虑。地球上资源有限,珍惜资源是人类的战略任务,若腐蚀控制得好,可延长产品的使用寿命,从而节省大量的原材料和能源。

信 息 岛

每年花费大量资源和能源生产的钢铁，有30%～40%被腐蚀，而腐蚀后完全变成铁锈不能再利用的约为10%。我国每年腐蚀掉的不能回收利用的钢铁超过 $1\,000\times10^4$ t，大致相当于宝山钢铁厂一年的产量。腐蚀会加速自然资源的损耗，且这一过程是不可逆转的。

4. 腐蚀会阻碍新技术的发展

在一项新技术、新产品的产生过程中，往往会遇到腐蚀问题，只有解决了这些问题，新技术、新产品、新工业才能得以发展。比如，不锈钢的发明和应用大大促进了硝酸和合成氨工业的发展。

实 例

（1）法国的拉克气田1951年因设备发生的应力腐蚀开裂问题得不到解决，不得不推迟到1957年才全面开发。

（2）在我国四川石油天然气开发初期，如果没有我国腐蚀工作者的努力，及时解决钢材硫化氢应力腐蚀开裂问题，我国天然气工业不会如此迅速发展。同样，由于缺乏可靠技术（包括防腐蚀技术），我国有一批含硫80%～90%的高硫化氢气田至今仍静静地埋在地下，无法开采利用。

二、腐蚀对石油工业的影响

石油天然气工业是遭受腐蚀破坏严重的行业之一。腐蚀破坏会引起突发的恶性事故，往往造成巨大的经济损失和严重的社会后果。据美国国家运输安全局对1969—1978年发生的管道事故报告的统计结果，管道失效原因中腐蚀占43.6%。又如我国中原油田，1993年度管线、容器穿孔 8 345 次，更换油管总长 590 km，直接经济损失 7 000 多万元，而产品流失、停产、效率损失和环境污染等造成的腐蚀间接损失高达 2 亿元。作为油气勘探开发的油井管（油管、套管、钻杆等）和油气集输管线（长距离输油管、出油管、油田油气集输管及注水注气、注二氧化碳、注聚合物管等），其失效形式主要表现为腐蚀失效，主要腐蚀介质有 H_2S，CO_2，O_2、硫酸盐还原菌（SRB）等。

实 例

（1）1975 年，挪威艾柯基斯克油田阿尔法平台 API X52 高温立管，由于原油中含有 1.5%～3% 的 CO_2 及 6%～8% 的 Cl^-，以及飞溅区的腐蚀，投产仅 2 个月，立管就被腐蚀得薄如纸张，导致了严重的爆炸、燃烧和人身伤亡事故。

（2）在 1977 年完成的美国阿拉斯加一条长约 1 287 km、管径 1 219.2 mm 的原油输送管道,一半埋地一半裸露,每天输送原油约 200×10^4 桶,造价 80 亿美元,由于对腐蚀研究不充分和施工时采取的防腐措施不当,12 年后发生腐蚀穿孔达 826 处之多,仅修复这一项就耗资 15 亿美元。

(3) 胜利油田进入高含水开发期,采出污水中含有溶解氧,硫酸盐还原菌,H_2S,CO_2,Cl^- 等,对钢管管材腐蚀相当严重,平均腐蚀速度为 1~7 mm/a,应力作用下的点蚀速度为 14 mm/a。胜利油田现有地面管线大于 20 000 km,每年至少更换 400 km,损失达 6 000 万元以上。

三、腐蚀的应用

腐蚀同其他许多现象一样,是一把双刃剑,在损害材料和破坏环境的同时,也可以为人类造福。随着人们对腐蚀现象认识的不断深化,腐蚀不再是总和我们做对的捣乱者,有目的地利用腐蚀现象的代表性例子有:电池工业中利用活泼金属腐蚀获得携带方便的能源,半导体工业利用腐蚀对材料表面进行间距只有 0.1 mm 左右的精细蚀刻等,如图 1-4 所示。

图 1-4　腐蚀金属字、腐蚀画和腐蚀铜雕

第二节　腐蚀的定义及特点

一、腐蚀的定义

腐蚀是金属与周围环境之间发生化学或电化学作用而引起的变质和破坏。

"腐蚀"的英文名词 Corrosion 来自拉丁文"Corrdere",意思为"损坏""腐烂"等。关于腐蚀的定义,许多著名的学者都有自己的表述。美国著名腐蚀科学家 H. H. Uhlig 在他的《腐蚀科学与腐蚀工程——腐蚀科学与腐蚀工程导论》一书中写道:"腐蚀是金属和周围环境起化学或电化学反应而导致的破坏性侵蚀"。这种狭义的定义至今仍在应用,如:国际标准化组织 ISO 8044—1999 和我国国标 GB/T 10123—2001 中将腐蚀定义为:"金属与环境间的物理-化学相互作用,其结果使金属性能发生变化,导致金属、环境及其构成的技术体系功能受到损伤"。

广义的腐蚀包含所有的天然材料和人造材料,因此可得到腐蚀的广义定义:"材料和环境发生化学或电化学作用而导致材料功能损伤的现象称为腐蚀"。

这个广义定义包含以下几个含义:

(1)腐蚀研究的着眼点在材料。腐蚀既导致材料损伤,又造成环境破坏。例如:在食品或酒类生产、储运过程中使用的容器,因腐蚀造成容器壁厚减薄、强度降低,并且可能导致食品或酒类受腐蚀产物污染而品质恶化。后者虽由腐蚀引起,但介质环境的变化一般称为污染,而不称为腐蚀。

(2)腐蚀是一种材料和环境间的反应,大多数是电化学反应,这是腐蚀和磨损现象的分界线。实际条件下腐蚀和磨损往往密不可分、同时发生。强调化学或电化学作用时称为腐蚀,强调力学或机械作用时则称为摩擦、磨损。如果两者作用相当,习惯上称为腐蚀磨损或磨损腐蚀,它们不仅包含腐蚀及磨损作用,还会产生复杂交互作用。现代金属腐蚀理论主要以电化学腐蚀(即以电化学反应为特征的腐蚀)为对象。

(3)腐蚀是材料的损伤。宏观上可表现为材料质量流失、强度等性质退化等;微观上可表现为材料相、价态或组织改变,人们靠这些变化来发现腐蚀或评价腐蚀程度。

📖 **扩 展 阅 读**

《辞海》汇集了"腐蚀"在医学、人品、物质三方面的含义:

① 在医学方面,由某些化学物质或药物引起的组织破坏现象;

② 在人品方面,比喻坏的思想、环境使人逐渐蜕变堕落的恶劣影响;

③ 在物质方面,物质的表面因发生化学或电化学反应而受到破坏的现象。

二、腐蚀现象的特点

腐蚀现象的特点可归纳为自发性、普遍性和隐蔽性三点。

1. 自发性

金属为什么会发生腐蚀?热力学第二定律告诉我们,物质总是寻求最低的能量状态。金属处于热力学不稳定状态,而金属的氧化物处于热力学稳定状态,所以金属趋向于寻求一种较低的能量状态,即有形成氧化物或其他化合物的趋势。金属转换为低能量氧化物的过程即为金属的腐蚀。

金属腐蚀是一种普遍的自然趋势,如铁的腐蚀就是由单质铁回到它的自然状态(矿石)的过程。在潮湿土壤、大气等腐蚀环境中,铁腐蚀变成以水和氧化铁为主的腐蚀产物,这些腐蚀产物在结构或形态上和自然界天然存在的铁矿石类似,或者说处于同一能级。从矿石中提炼钢铁时需要付出能量,如炼铁、炼钢需消耗煤、电等能量,根据能量守恒定律,得到的铁或钢在能级上高于铁矿石。图1-5以图解形式表示了从铁矿石中提炼铁和铁腐蚀过程之间的关系。炼铁过程是耗能的,铁腐蚀就是放能的自发过程。但为什么铁腐蚀时感觉不到有能量放出呢？实际上这些能量以热量形式被分散到周围环境中,并未引起注意或加以利用。腐蚀产生的能量有时是可以利用的,靠普通干电池锌皮腐蚀获得电能就是最好的例子。

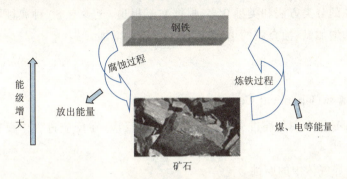

图 1-5 金属腐蚀和冶金互为逆过程

19 世纪,赫胥黎在捍卫达尔文的进化论时,对于宇宙过程(即自然过程)说了一段精辟而富有哲理的话:"大自然常常有这样一种倾向,就是讨回她的儿子——人——从她那里借去而加以安排的、不为普遍宇宙过程所赞同的东西。"这就是金属腐蚀现象自发性的写照。

2. 普遍性

元素周期表中有三四十种金属元素,除金(Au)和白金(Pt)在地球上可能以纯金属单体的形式天然存在外,其他金属均以它们的化合物(各种氧化物、硫化物或更复杂的复合盐类)形式存在。在地球形成和演变的漫长历史中,能稳定保存下来的物质一般都是它的最低能级状态。这说明,除 Au 和 Pt 外,其他金属能级都要高于它们的化合物,都具有自发回到低能级矿石状态的倾向。另外,地球上普遍存在的空气和水是两类主要的腐蚀环境(分别含腐蚀因素 O_2 和 H^+)。所以,地球环境下金属腐蚀不是个别现象,而是普遍面临的问题。幸好有不少金属虽有大的腐蚀倾向,但实际腐蚀十分微小(后面会解释,这称为钝化现象),否则我们人类可能会面临没有稳定金属材料可用的尴尬局面。

3. 隐蔽性

腐蚀的隐蔽性包含几层意思,一是指腐蚀的发展速度可能很慢、短期变化极微小。有报道说,巴拿马运河海水中不锈钢闸门工作 10 年之后才出现点蚀;许多埋地管道运行一二十年后才出现事故多发期,这些都说明腐蚀过程之慢。二是腐蚀的表现形式可能很难被发觉,虽然我们一眼就能分辨出生锈和不生锈的钢铁,但有些腐蚀类型,如含裂纹局部腐蚀,靠肉眼或简单仪器很难发觉。

第三节　腐蚀分类

金属腐蚀的分类方法和类型众多,根据文献报道,至少有 80 种腐蚀类型,而且由于金属材料的增加、腐蚀介质的更新,腐蚀类型还在增加。

一、根据腐蚀机理分类

1. 化学腐蚀(Chemical Corrosion)

化学腐蚀是指金属与腐蚀介质直接发生化学反应,在反应过程中没有电流产生。化学腐蚀可分为:

(1) 在干燥气体中的腐蚀。

在干燥气体中的腐蚀通常是指金属在高温气体作用下的腐蚀。例如,轧钢时生成的厚的氧化铁皮、燃气轮机叶片在工作状态下的腐蚀、用氧气切割和焊接管道时在金属表面上产生的氧化皮等。

(2) 在非电解质溶液中的腐蚀。

在非电解质溶液中的腐蚀是指金属在某些有机液体(如苯、汽油)中的腐蚀。例如,Al 在 CCl_4,$CHCl_3$(三氯甲烷)或 CH_3CH_2OH(乙醇)中的腐蚀,镁和钛在 CH_3OH(甲醇)中的腐蚀等。

2. 电化学腐蚀(Electrochemical Corrosion)

电化学腐蚀是指金属与电解质溶液(大多数为水溶液)发生电化学反应而发生的腐蚀。其特点是:在腐蚀过程中同时存在两个相对独立的反应过程,即阳极反应和阴极反应,并与流过金属内部的电子流和介质中定向迁移的离子联系在一起,即在反应过程中伴有电流产生。阳极反应是金属原子从金属转移到介质中并放出电子的过程,即氧化过程。阴极反应是介质中的氧化剂得到电子发生还原反应的过程。

实　例

碳钢在酸中的腐蚀如图 1-6 所示,在阳极区 Fe 被氧化为 Fe^{2+},所放出的电子自阳极(Fe)转移到钢表面的阴极区,与 H^+ 作用而还原生成 H_2,即

阳极反应:

$$Fe \longrightarrow Fe^{2+} + 2e$$

阴极反应:

$$2H^+ + 2e \longrightarrow H_2$$

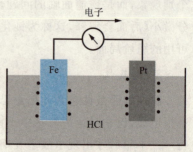

图 1-6　碳钢在盐酸溶液中的
电化学腐蚀过程

电化学腐蚀的特点是：

（1）介质为离子导电的电解质。

（2）金属/电解质界面上的反应过程是因电荷转移而引起的电化学过程，必须包括电子和离子在界面上的转移。

（3）界面上的电化学过程可以分为两个相互独立的氧化还原过程，金属/电解质界面上伴随电荷转移发生的化学反应称为电极反应。

（4）电化学腐蚀过程伴随电子的流动，即有电流的产生。

电化学腐蚀实际上是一个短路的原电池电极反应的结果，这种原电池又称为腐蚀原电池，后文还将详细提及。腐蚀原电池与一般原电池的区别仅在于原电池把化学能转变为电能，做有用功，而腐蚀原电池只导致材料的破坏，不对外做有用功。一般来说，电化学腐蚀比化学腐蚀强烈得多，金属的电化学腐蚀是普遍的腐蚀现象，它所造成的危害和损失极为严重。

 信 息 岛

电化学腐蚀与化学腐蚀的区别见表 1-3。

表 1-3　电化学腐蚀与化学腐蚀的区别

	化学腐蚀	电化学腐蚀
条 件	金属与氧化剂直接接触	不纯金属与电解质溶液接触
现 象	无电流	有微电流
本 质	金属被氧化	较活泼金属被氧化
关 系	都是金属被氧化（两种腐蚀往往同时发生，但以电化学腐蚀为主）	

3. 物理腐蚀（Physical Corrosion）

物理腐蚀是指金属由于单纯的物理溶解作用而引起的破坏。这种腐蚀是因物理溶解作用形成合金，或液态金属渗入晶界造成的。例如存放熔融锌的钢容器，铁在高温下被液态锌熔解，容器变薄。

4. 生物腐蚀（Biological Corrosion）

生物腐蚀是指金属表面在某些微生物生命活动的影响下所发生的腐蚀。这类腐蚀很难单独进行，但它能为化学腐蚀、电化学腐蚀创造必要的条件，促进金属的腐蚀。微生物进行生命代谢活动时会产生各种化学物质，如硫细菌在有氧条件下能使硫或硫化物氧化，反应最终将产生硫酸，这种细菌代谢活动所产生的酸会造成水泵等机械设备的严重腐蚀。

二、根据金属腐蚀的破坏形式(腐蚀形态)分类

1. 全面腐蚀(General Corrosion)

全面腐蚀是指腐蚀分布在整个金属表面上,可能是均匀的也可能是不均匀的,它使金属含量减少,金属变薄,强度降低,如图1-7所示。全面腐蚀的阴、阳极是微观变化的。在均匀的腐蚀情况下,依据腐蚀速率可进行相关金属构件的设计。

图1-7 钢铁的全面腐蚀

2. 局部腐蚀(Localized Corrosion)

局部腐蚀是指发生在金属表面某一局部区域的腐蚀,其他部位几乎未破坏。局部腐蚀的阴、阳极是截然分开的,通常是阳极区表面积很小,阴极区表面积很大,可以进行宏观检测。局部腐蚀的破坏形态较多,对金属结构的危害性也比全面腐蚀大得多,如点蚀、缝隙腐蚀等,如图1-8所示。

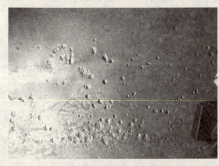 

(a) 点蚀　　　　　　　　　　　　　　　(b) 缝隙腐蚀

图1-8 局部腐蚀现象

💬 **信 息 岛**

局部腐蚀可以是部位的,也可以是成分的。

(1)部位的,表现为:脓疮、斑点、点、焊接区、表面下、晶间腐蚀。

（2）成分的，主要是失去金属中的某种元素造成腐蚀破坏，如黄铜脱锌破坏，铸铁石墨化等。

3. 应力作用下的腐蚀

（1）应力腐蚀开裂（Stress Corrosion Cracking）。

金属在应力与化学介质协同作用下引起的开裂（或断裂）现象，称为金属应力腐蚀开裂（或断裂），如图 1-9 所示。

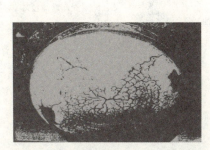 

（a）应力腐蚀　　　　　　　　　　　　　（b）晶间应力腐蚀开裂

图 1-9　应力作用下的腐蚀现象

（2）氢致开裂（Hydrogen Induced Cracking）和氢脆（Hydrogen Embrittlement）。

若阴极反应析氢进入金属后，对应力腐蚀开裂起了决定性或主要作用，称为氢致开裂；由于氢进入金属内部而引起的韧性或延性降低的过程，称为氢脆。

（3）腐蚀疲劳（Corrosion Fatigue）。

金属在腐蚀环境中与交变应力的协同作用下引起材料破坏，称为腐蚀疲劳。

（4）磨损腐蚀（Erosion Corrosion）。

金属表面受高流速和湍流状的流体冲击，同时遭到磨损和腐蚀破坏的现象，称为磨损腐蚀。其主要形式有湍流腐蚀、冲刷腐蚀等。

（5）空泡腐蚀（Cavitation Corrosion）。

空泡腐蚀（空蚀和气蚀）是一种特殊形式的冲刷腐蚀，是金属表面附近的液体中空泡溃灭造成表面粗化、出现大量直径不等的火山口状的凹坑，最终丧失使用性能的一种破坏。

（6）微振腐蚀（Fretting Corrosion）。

承受载荷、互相接触的两表面由于振动和滑动（反复的相对运动）引起的破坏，称为微振腐蚀（摩振腐蚀）。

统计结果表明，在所有腐蚀中腐蚀疲劳、全面腐蚀和应力腐蚀开裂引起的破坏事故所占比例较高，分别为 23%，22% 和 19%，其他 10 余种形式腐蚀合计占 36%，如图 1-10 所示。由于应力腐蚀开裂和氢脆具有突发性，其危害性最大，常常造成灾难性事故，因此在实际生产和应用中应引起足够的重视。

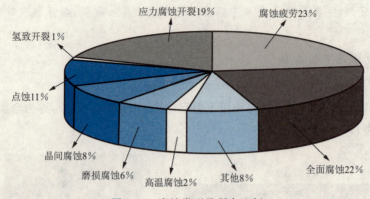

图 1-10　腐蚀类型及所占比例

三、根据腐蚀环境分类

1. 干腐蚀

（1）失泽。

失泽是指金属在露点以上的常温干燥气体中发生腐蚀（氧化），表面生成很薄的腐蚀产物，使金属失去光泽。干腐蚀的腐蚀机理为化学腐蚀机理。

（2）高温氧化。

金属在高温气体中腐蚀（氧化），有时生成很厚的氧化皮，在热应力或机械应力作用下可引起氧化皮剥落，属于高温腐蚀。

2. 湿腐蚀

湿腐蚀主要是指在潮湿环境或含水介质中发生的腐蚀。绝大部分常温腐蚀属于这一种，其腐蚀机理为电化学腐蚀机理。湿腐蚀又可分为：

（1）自然环境中的腐蚀。

① 大气腐蚀（Atmospheric Corrosion）。

金属在大气中发生腐蚀的现象称为大气腐蚀，是金属腐蚀中最普遍的一种。

② 土壤腐蚀（Soil Corrosion）。

金属在土壤中所发生的腐蚀现象称为土壤腐蚀。

③ 海水腐蚀（Corrosion in Sea Water）。

金属与海水发生电化学反应而损耗和变质的现象称为海水腐蚀。

④ 微生物腐蚀（Microbial Corrosion）。

由微生物引起的腐蚀或受微生物影响所引起的腐蚀现象称为微生物腐蚀。

（2）工业介质中的腐蚀。

① 酸、碱、盐溶液中的腐蚀。

金属在酸、碱、盐溶液中发生腐蚀的现象称为酸、碱、盐溶液中的腐蚀。

② 工业水中的腐蚀。

金属在含有各种离子的工业水中发生腐蚀的现象称为工业水中的腐蚀。

③ 高温高压水中的腐蚀。

金属在高温高压水中发生腐蚀的现象称为高温高压水中的腐蚀。

3. 无水有机液体和气体中的腐蚀

无水有机液体和气体中的腐蚀属于化学腐蚀。

(1) 卤代烃中的腐蚀。

此类腐蚀如 Al 在 CCl_4 和 $CHCl_3$ 中的腐蚀。其中 Al 在 CCl_4 中腐蚀的化学反应方程式如下:

$$3CCl_4 + 3H_2O + 2Al \Longrightarrow 2AlCl_3 + 3H_2 + 3COCl_2$$
$$Al^{3+} + 3H_2O \Longrightarrow Al(OH)_3 + 3H^+$$

在光照条件下四氯化碳、水、铝(铁)共存会发生化学反应生成 $AlCl_3(FeCl_3)$,$AlCl_3(FeCl_3)$ 经水解后产生 H^+ 而进一步腐蚀金属。

(2) 醇中的腐蚀。

此类腐蚀如 Al 在乙醇中的腐蚀及 Mg 和 Ti 在甲醇中的腐蚀。其中,Al 在乙醇中发生的反应如下:

$$6C_2H_5OH + 2Al \Longrightarrow 2(C_2H_5O)_3Al + 3H_2$$

这类腐蚀介质均为非电解质,不管是液体还是气体,腐蚀反应都是相同的。但在油这类有机液体中的腐蚀,绝大多数情况下由于少量水的存在,而水中常含有盐和酸,因而在此类情况下的腐蚀属于电化学腐蚀。

4. 熔盐和熔渣中的腐蚀

熔盐和熔渣中的腐蚀大部分属于电化学腐蚀。

熔盐腐蚀原理有两种:

(1) 金属被氧化成金属离子,具有与水溶液腐蚀相同的电化学腐蚀过程,阴、阳极间的电位差是腐蚀反应的推动力,而氧化剂的迁移速度控制着整个腐蚀的反应速度。

(2) 以金属态溶解于熔盐中,不伴随氧化作用,如铅浸入氯化铅熔盐中产生的腐蚀。

5. 熔融金属中的腐蚀

熔融金属中的腐蚀为物理腐蚀。

第四节　腐蚀速度表示方法

金属被腐蚀后质量、厚度、机械性能、组织结构以及电极过程均发生变化。这些物理性能的变化率可以用来表示金属腐蚀的程度。在均匀腐蚀情况下通常采用质量、深度以及电流作为评价指标。

一、质量

金属腐蚀程度的大小可用腐蚀前、后试样的质量变化来评定。

1. 失重法

$$V^- = \frac{m_0 - m_1}{St}$$

式中　V^-——失重时的腐蚀速度，$g/(m^2 \cdot h)$；

　　　m_0——腐蚀前样品的质量，g；

　　　m_1——清除了腐蚀产物后的样品质量，g；

　　　S——样品表面积，m^2；

　　　t——经历时间，h。

失重法适用于表面腐蚀产物易于脱离和清除的情况。当腐蚀后试样质量增加且腐蚀产物完全牢固地附着在试样表面时，可采用增重法。

2. 增重法

$$V^+ = \frac{m_2 - m_0}{St}$$

式中　V^+——增重时的腐蚀速度，$g/(m^2 \cdot h)$；

　　　m_2——带有腐蚀产物的金属质量，g。

采用失重法还是增重法，可根据腐蚀产物是否容易除去或完全牢固地附着在试样表面来确定。

二、深度

工程上，材料的腐蚀深度或构件腐蚀变薄的程度均直接影响材料部件的寿命，因此深度表征腐蚀程度更具实际意义。用质量变化来表示腐蚀速率，没有考虑金属的密度。密度不同的金属，在质量损失和表面积相同时，金属的腐蚀深度是不同的，显然密度大的金属，其腐蚀深度浅。例如，当质量损失等于 $1.0\ g/(m^2 \cdot h)$ 时，钢、生铁和铜样品腐蚀深度为 $1.1\ mm/a$，铝样品为 $3.4\ mm/a$，因此在评定不同密度金属腐蚀程度时，更适合采用深度方法。

金属腐蚀的深度变化率，即年腐蚀深度，用下式表示：

$$V_L = \frac{V^-}{\rho} \times \left(\frac{24 \times 365}{1\,000}\right) = 8.76 \frac{V^-}{\rho} \tag{1-1}$$

式中　V_L——年腐蚀速度，mm/a；

　　　ρ——金属密度，g/cm^3。

根据金属年腐蚀深度的不同，可将金属的耐蚀性分成 10 级标准和 3 级标准，见表 1-4 和表 1-5。

表 1-4 金属耐蚀性 10 级标准分类

耐蚀性评定	耐蚀性等级	腐蚀深度/(mm·a^{-1})
Ⅰ 完全耐蚀	1	<0.001
Ⅱ 很耐蚀	2	0.001～0.005
	3	0.005～0.01
Ⅲ 耐蚀	4	0.01～0.05
	5	0.05～0.1
Ⅳ 尚耐蚀	6	0.1～0.5
	7	0.5～1.0
Ⅴ 欠耐蚀	8	1.0～5.0
	9	5.0～10.0
Ⅵ 不耐蚀	10	>10.0

表 1-5 金属耐蚀性 3 级标准分类

耐蚀性评定	耐蚀性等级	腐蚀深度/(mm·a^{-1})
耐 蚀	1	<0.1
可 用	2	0.1～1.0
不可用	3	>1.0

三、电流

在电化学腐蚀中,金属的腐蚀是由阳极溶解造成的。根据法拉第定律,若电流强度为 I,通电时间为 t,则通过的电量为 It,阳极溶解的金属量 Δm 为:

$$\Delta m = \frac{AIt}{nF} \tag{1-2}$$

式中 A——金属的摩尔质量,g/mol;

n——价数,即金属阳极反应方程式中的电子数;

F——法拉第常数,$F=96\,500$ C/mol。

金属的腐蚀电流密度 i_{corr} 可用下式来表示:

$$i_{corr} = \frac{I}{S} \tag{1-3}$$

式中 I——阳极的电流密度,A/cm^2;

S——阳极面积,cm^2。

对于均匀腐蚀来说,整个金属表面积可以看作阳极面积,可得到腐蚀速度 V^- 与腐蚀电流密度 i_{corr} 间的关系如下:

$$\frac{\Delta m}{A} nF = It = \frac{V^- St}{A} nF \tag{1-4}$$

得到:

$$\frac{I}{S} = \frac{V^-}{A}nF = i_{corr} \tag{1-5}$$

即

$$i_{corr} = \frac{V^-}{A}nF \tag{1-6}$$

可见,腐蚀速度与腐蚀电流密度成正比,因此可以用腐蚀电流密度 i_{corr} 表示金属的电化学腐蚀速度。

第五节　腐蚀与防腐学科的发展、任务与内容

一、腐蚀与防腐学科的发展

腐蚀科学是人类在不断同腐蚀做斗争的过程中发展起来的。人类很早就知道采用措施来防止腐蚀对材料的危害。早在公元前,古希腊的 Herodtus 和古罗马的 Plinius 均提出了用锡防止铁腐蚀的观点。我国商代(公元前 16 世纪至公元前 11 世纪)就利用锡改善铜的耐蚀性,冶炼出了青铜,且冶炼技术相当成熟。现在发现的商代最大的青铜器司母戊大方鼎重达 875 kg。1965 年在我国湖北出土的春秋时期越王勾践用剑,表明 2 000 多年前古人已掌握用铬酸盐进行金属表面防腐蚀,可以说是中国文明史上的一个奇迹。

金属腐蚀与防护的历史虽然悠久,但都是属于经验性的。对腐蚀现象及防护技术的研究及论述始于 18 世纪中叶。其中,俄罗斯科学家 JIOMOHOCOB 在 1748 年解释了金属氧化现象。Alarm 在 1763 年认识到了双金属接触腐蚀现象。1790 年,Keir 描述了铁在硝酸中的钝化现象。1800 年,意大利科学家伏特(A. Volta)发现了原电池原理。1801 年,英国电化学家瓦尔顿(W. H. Wollaston)提出了电化学腐蚀理论。1824 年,Davy 用铁作为牺牲阳极,成功地实施了英国海军钢船底的阴极保护。1827 年,贝克勒尔(A. C. Behquerel)和马列特(R. Mallet)先后提出了浓差腐蚀电池原理。1830 年,D. L. Rive 提出了金属腐蚀的微电池概念。1833 年,Faraday 提出了法拉第电解定律。1847 年,艾德(R. Aide)发现了氧浓差电池腐蚀现象。1860 年,Baldwin 申请了世界上第一个关于缓蚀剂的专利。1887 年,阿贝斯(S. Arrbeius)提出了离子化理论。1880 年,Hughes 明确了金属酸洗中析氢导致氢脆的后果,同一时期发现了金属材料的应力腐蚀开裂现象。1890 年,Edison 研究了通过外加电流对船只进行阴极保护的可行性。这些先驱工作为腐蚀科学的发展奠定了基础。

腐蚀科学与防护技术作为一门独立的学科是在 20 世纪初发展起来的。1903 年,Whitney 发现了铁在水中的腐蚀与电流的流动有关。1905 年,Tafel 根据实验结果找到了过电位与电流密度的关系。1906 年,美国材料试验学会(ASTM)开始建立材料大气腐蚀试验网。1912 年,美国国家标准局启动了历时 45 年的土壤腐蚀试验。1932 年,英国 Evans 通过实验证实了在金属表面存在腐蚀电池,揭示了金属腐蚀电化学的基本规律。

1934 年，Butler 和 Volmer 根据电极电位对电极反应活化能的影响推出了著名的电极反应动力学基本公式，即 B-V 方程。1938 年，Wagner 和 Trand 提出了混合电位理论。同年比利时 Pourbaix 计算并绘制了大多数金属的电位 E-pH 图。以上科学家的系统研究工作奠定了金属腐蚀电化学的动力学基础。

20 世纪 50 年代以后，随着腐蚀电化学理论的不断完善和发展，腐蚀电化学方法得到了相应的发展。随着电子技术的发展，出现了腐蚀电化学研究的稳态测试仪器，即恒电位仪，使腐蚀电化学研究集中在电化学测试方法上。以后又建立了暂态的腐蚀电化学测试方法，促进了腐蚀电化学界面和电极过程动力学研究的迅速发展。1957年，Stern 提出了线性极化的重要概念，经过电化学工作者的不断努力，完善和发展了极化电阻技术。

20 世纪 80 年代以后，随着微电子技术和计算机技术的发展，电化学阻抗的测量以暂态测量的方法实现，克服了原有测量方法过程烦琐的缺点，而且应用越来越普遍，研究范围已经超出了腐蚀电化学的范畴，产生了一个新的学术领域，即电化学阻抗谱（Electrochemical Impedance Spectroscopy，EIS），并于 1989 年 6 月在法国举行了第一届 EIS 国际学术会议。通过电化学阻抗谱的研究，不仅可以获得腐蚀电化学的动力学参数，而且可以得到腐蚀电极表面双电层的电容以及表面状态信息，极大地促进了电化学腐蚀测试技术的应用和发展。1987 年，M. Stratmm 等提出了应用开尔文（Kelvin）探针技术测量探针与腐蚀金属电极表面上的水薄膜下金属表面的腐蚀电位。这种技术不需要测量参比电极与腐蚀电极之间的电位，解决了用通常方法测量水薄膜下金属表面的腐蚀电位时难以在水薄膜下安置参比电极的问题。

我国的腐蚀科学发展较晚，与发达国家相比，我国的腐蚀研究还处于相对较低的水平。我国高校在 1960 年后开始讲授腐蚀课程，而国外高校在 1930 年左右就纷纷开设了腐蚀课程。1978 年我国专门成立了腐蚀学科组并组建了腐蚀学术委员会，制定了腐蚀学科发展规划，建立了腐蚀研究机构，同时加快了对科技人才的培养。

二、腐蚀与防腐学科的任务

由以上内容可以看出，腐蚀与防腐学科的任务是：

（1）研究由于金属和环境相互作用而发生在金属表面的物理、化学的破坏，研究破坏的现象、过程、机理和规律。

（2）研究和开发腐蚀测试和监控技术，制定腐蚀鉴定、标准和试验方法。

（3）提出抗腐蚀的原理和在各种环境条件下抗腐蚀的方法和措施，为金属材料的合理使用提供理论依据。

三、腐蚀与防腐的内容与学习方法

现代腐蚀理论建立在金属电化学理论基础上，以物理化学和材料学作为两大基础，特别是物理化学中的化学热力学、电极过程动力学和多相反应化学动力学等内容，是多学科交叉的边缘学科。其基本内容如图 1-11 所示。

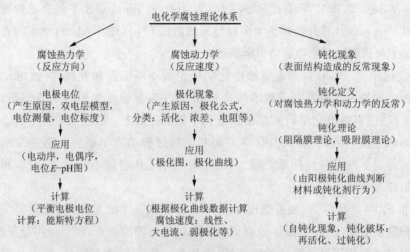

图 1-11　本书讲解的电化学腐蚀理论体系内容

因此,从事腐蚀研究的学生必须熟悉化学基本理论,尤其是物理化学和电化学知识,以便更好地理解腐蚀反应。另外材料结构及组成决定腐蚀行为还应具备必要的材料学知识。

迄今为止,腐蚀科学还属于实验科学,其理论只能起说明、解释作用,较少起指导作用,大量的腐蚀问题还要靠实验解决。

思考与练习

一、填空题

（1）材料失效的三种基本形式为_____、_____和_____。

（2）腐蚀现象特点可归纳为"_____""_____"和"_____"三点。

（3）在均匀腐蚀情况下通常采用_____、_____以及_____指标来表示腐蚀速率。

二、判断题

（1）腐蚀是一把双刃剑,既损害材料,又破坏环境,但腐蚀现象也可以用来为人类造福。（　　）

（2）腐蚀是指金属与周围环境之间发生化学作用而引起的变质和破坏。（　　）

三、简答题

（1）什么是金属腐蚀？

（2）阐述电化学腐蚀与化学腐蚀的区别。

（3）研究腐蚀有何意义？

第 **2** 章

电化学腐蚀基础

日常生活和生产中遇到的腐蚀大多是电化学腐蚀,油气管道中遇到的腐蚀也基本是电化学腐蚀,因此在这里主要讨论电化学腐蚀的机理。

第一节　电化学腐蚀与腐蚀原电池

一、电化学腐蚀

1. 电化学腐蚀的定义

金属与周围介质发生反应而引起破坏且伴有净电流产生的现象,称为电化学腐蚀。或者定义为金属与电解质因发生电化学反应而产生破坏的现象。

2. 电化学腐蚀的特点

任何一种按电化学机理发生的腐蚀至少包含一个阳极反应和一个阴极反应,并与流过金属内部的电子流和介质中定向迁移的离子联系在一起。电化学腐蚀实际上是短路原电池电极反应的结果,这种原电池又称为腐蚀原电池。

电化学反应借助于原电池或电解池进行。

3. 电化学腐蚀与化学腐蚀的对比

共同点:

$$Me - ne \longrightarrow Me^{n+}（金属被氧化）$$

主要不同点见表 2-1。两者详细不同点的对比见表 2-2。

表 2-1　化学腐蚀和电化学腐蚀主要不同点对比

化学腐蚀	电化学腐蚀
金属与氧化剂直接得失电子	利用原电池原理得失电子
反应中不伴随电流的产生	反应中伴随电流的产生
金属被氧化	活泼金属被氧化

表 2-2　化学腐蚀和电化学腐蚀的详细比较

项　目	化学腐蚀	电化学腐蚀
介　质	干燥气体或非电解质溶液	电解质溶液
反应式	$\sum \nu_i M_i = 0$	$\sum (\nu_i M_i^{n\mp} \pm ne) = 0$
过程推动力	化学位不同的反应相互接触	电位不同的导体物质组成电池
能量转换	化学能、机械能和热	化学能与电功
过程规律	化学反应动力学	电极过程动力学
电子传递	反应物直接碰撞和传递,测不出电流	通过电子导体在阴、阳极上的得失测得电流
反应区	在碰撞点上瞬时完成	在相对独立的阴、阳极区同时完成
产　物	在碰撞点直接形成	一次产物在电极上形成,二次产物在一次产物相遇处形成
温　度	主要在高温条件下	室温和高温条件下

　　对于油气储运工程来说,电化学腐蚀比化学腐蚀更重要、更普通、腐蚀速度更快,并可以用电化学保护方法控制,化学腐蚀则不能用电化学保护方法控制。

二、腐蚀原电池

1. 原电池

　　日常生活中使用的干电池就是一种原电池,它由中心碳棒(正极)、外围锌壳(负极)及两极间的糊状电解质(如 NH_4Cl)组成,如图 2-1 所示。

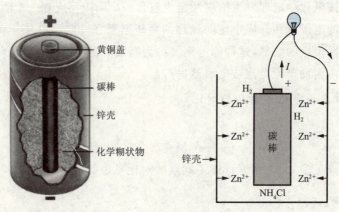

图 2-1　干电池及其等效电路

两极与电解质间发生如下的电化学反应。

阳极锌皮上发生氧化反应,使锌原子离子化产生两个电子:

$$Zn \longrightarrow Zn^{2+} + 2e$$

阴极碳棒上发生消耗电子的反应(还原):

$$2H^+ + 2e \longrightarrow H_2 \uparrow$$

电池的总反应为:

$$Zn + 2H^+ \longrightarrow Zn + H_2 \uparrow$$

随着反应的发生,电池的锌皮不断被氧化,并给出电子在外电路形成电流,对外做功,金属锌离子化的结果即腐蚀损坏。

由此可见,原电池的电化学过程是由负极的氧化过程、正极的还原过程,以及电子的转移过程所组成。

2. 腐蚀原电池

腐蚀原电池实质上是一个短路的原电池,即电子回路短接,电流不对外做功(如发光),电子自耗于腐蚀原电池内阴极的还原反应中。因此,如果金属阳极的离子化被促进,即可加速腐蚀过程。

例如,将锌与铜并置于盐酸水溶液之中,就构成了以金属锌为阳极,铜为阴极的腐蚀原电池。阳极锌失去的电子流向与锌接触的阴极铜,并与阴极铜表面上溶液中的氢离子(H^+)结合,形成氢原子并结合成氢气溢出。腐蚀环境中的氢离子(H^+)不断地消耗,是借助于阳极锌离子化提供出的电子,这种短路原电池就是腐蚀原电池。

一块有杂质的金属置于电解质溶液中,也会发生上述氧化还原反应,组成腐蚀原电池,只不过其阴极、阳极很难用肉眼分辨而已。

作为一个腐蚀原电池,必须包括阴极、阳极、电解质溶液和导电通路四个不可分割的部分。腐蚀原电池的工作过程主要由以下三个基本过程组成。

1) 阳极过程

阳极过程即金属的溶解过程,金属以离子的形式进入溶液,并把当量的电子留在金属上:

$$Me \longrightarrow Me^{n+} + ne$$

如果系统中不发生任何其他的电极过程,那么阳极反应会很快停止。这是因为金属中积累起来的电子和溶液中积累起来的阳离子将使金属的电极电位向负方向移动,从而使金属表面与金属离子的静电引力增加,阻碍了阳极反应的继续进行。

2) 阴极过程

阴极过程为接受电子的还原过程。从阳极过来的电子被电解质溶液中能够吸收电子的氧化性物质接收:

$$D + ne \longrightarrow [D \cdot ne]$$

单独的阴极反应也是难以持续的,在同时存在阳极氧化反应的条件下,阴极反应和阳极反应才能够不断地持续下去,故金属不断地遭受腐蚀。进入溶液中能接受电子的氧化性物质种类很多,其中强氧化性酸和 O_2 是最为常见的氧化剂。

3)电流转移过程

在金属中依靠电子从阳极流向阴极,而溶液中依靠离子的迁移,即阴离子从阴极区向阳极区迁移以及阳离子从阳极区向阴极区移动,这样整个电池系统电路构成通路。

腐蚀原电池工作所包含的上述三个基本过程既是相互独立,又是彼此联系的。只要其中一个过程受到阻滞不能进行,则其他两个过程也将停止,金属腐蚀过程也就终止。

腐蚀原电池具有以下特点:

(1)腐蚀原电池的阳极反应是金属的氧化反应,结果造成金属材料的破坏。

(2)若腐蚀原电池的阴、阳极短路(即短路的原电池),电池产生的电流全部消耗在内部,转变为热,不对外做功。

(3)腐蚀原电池中的反应以最大限度的不可逆方式进行。

三、腐蚀原电池的化学反应

1)腐蚀电化学阳极(氧化)

$$\text{反应通式:} Me \longrightarrow Me^{n+} + ne \quad \text{(提供电子)}$$

2)腐蚀电化学阴极(还原)

$$\text{反应通式:} D + ne \longrightarrow [D \cdot ne] \quad \text{(消耗电子)}$$

常见的阴极(还原)反应(吸收电子的过程):

(1)析氢。

$$2H^+ + 2e \longrightarrow H_2 \uparrow$$

(2)吸氧。

$$O_2 + 4H^+ + 4e \longrightarrow 2H_2O \quad \text{(在含氧、酸性介质中)}$$

$$O_2 + 2H_2O + 4e \longrightarrow 4OH^- \quad \text{(在碱性或中性溶液中)}$$

(3)金属离子的还原反应。

$$Me^{n+} + e \longrightarrow Me^{(n-1)+}$$

(4)金属的沉积反应。

$$Me^{n+} + ne \longrightarrow Me$$

总之,阴极反应就是消耗电子的还原反应。

 信息岛

习惯上,将吸氧反应所构成的腐蚀称为吸氧腐蚀;析氢反应所构成的腐蚀称为析氢腐蚀。析氢和吸氧是电化学腐蚀过程中最常见的阴极反应,二者的比较见表 2-3。

阴极上也可以发生多个阴极反应。

（1）吸氧腐蚀。

吸氧腐蚀是指金属在酸性很弱或中性溶液里，空气里的氧气溶解于金属表面水薄膜中而发生的电化学腐蚀。例如，钢铁在接近中性的潮湿空气中的腐蚀就属于吸氧腐蚀。

（2）析氢腐蚀。

在酸性较强的溶液中金属发生电化学腐蚀时放出氢气，这种腐蚀称为析氢腐蚀。例如，铁在酸性溶液中的腐蚀就是析氢腐蚀。

表 2-3 　析氢腐蚀与吸氧腐蚀的比较

比较项目	析氢腐蚀	吸氧腐蚀
去极化剂性质	带电氢离子，迁移速度和扩散能力都很大	中性氧气分子，只能靠扩散和对流传输
去极化剂浓度	浓度大，酸性溶液中 H^+ 放电，中性或碱性溶液中 H_2O 作去极化剂	浓度不大，其溶解度通常随温度升高和盐浓度增大而减小
阴极控制原因	主要是活化极化	主要是浓差极化
阴极反应产物	以氢气泡逸出，电极表面溶液得到附加搅拌	产物 OH^- 只能靠扩散或迁移离开，无气泡逸出，得不到附加搅拌

3）电流回路

金属部分：电子由阳极流向阴极。

溶液部分：正离子由阳极向阴极迁移。

以上阳极反应、阴极反应、电流回路三个环节既相互独立，又彼此制约，其中任何一个受到抑制时，都会使腐蚀原电池工作强度减小。

构成腐蚀原电池的必要条件：存在着电位不同的导体，存在着电解质溶液，构成闭合的电流通路。

四、宏观电池与微观电池

金属的腐蚀是由氧化反应与还原反应组成的电池反应过程来实现的，依据氧化与还原电极的大小及肉眼的可分辨性，腐蚀原电池可分为宏观电池和微观电池两种。

1. 宏观电池

能用肉眼分辨出阳极和阴极的腐蚀原电池称为宏观电池或大腐蚀电池，其电极和极性用肉眼就可分辨出来。宏观电池有以下几种。

1）异金属接触电池

当两种具有不同电位的金属或合金相接触（或用导线连接起来），并处于电解质溶液之中时，便可看到电位较负的金属不断遭受腐蚀。

📖 扩 展 阅 读

不同类金属浸于电解质溶液中形成电偶腐蚀,可以分为两大类。

(1)两种金属浸在各自盐溶液中。如丹尼尔电池:

阳极: $$Zn \longrightarrow Zn^{2+} + 2e$$

阴极: $$Cu^{2+} + 2e \longrightarrow Cu$$

丹尼尔电池示意图如图 2-2 所示。

(2)两种金属浸入同一种电解质溶液中,如图 2-3 所示。

铁为阳极: $$Fe \longrightarrow Fe^{2+} + 2e$$

铜为阴极:

$$O_2 + 2H_2O + 4e \longrightarrow 4OH^- \quad 或 \quad 2H^+ + 2e \longrightarrow H_2$$

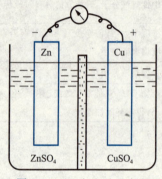

图 2-2　丹尼尔电池示意图

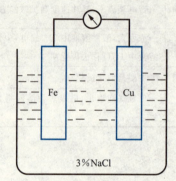

图 2-3　两种金属浸入同一种电解质溶液

上述两种电偶电池,一种是金属还原,Cu 沉积于阴极;另一种是氧气或氢离子还原,消耗溶液中的氧或氢离子,吸收电子。后者在金属与腐蚀介质接触时经常见到。

2)浓差电池

同类金属浸于同一种电解质溶液中,由于溶液的浓度或介质与电极的相对流动速度不同,构成浓差腐蚀原电池。

能斯特公式:

$$E = E_0 + \frac{RT}{nF} \ln C \tag{2-1}$$

式中　E_0——标准电极电位,V;

　　　C——金属离子在溶液中的浓度,mol/L;

　　　n——交换的电子数或金属离子的价数;

　　　T——绝对温度,K;

　　　R——通用气体常数,8.314 J/(mol·K);

　　　F——法拉第常数。

假如在金属表面上金属本身的离子浓度不同,$C_1 > C_2$,则有 $E_1 > E_2$,我们知道电位低的金属腐蚀趋势大,即离子浓度低的金属遭受腐蚀。

浓差电池有盐浓差电池和氧浓差电池。

(1) 盐浓差电池。

盐浓差电池是指将金属浸在不同浓度的同种盐溶液中构成的电池。如果将铜电极分别放入浓硫酸铜溶液与稀硫酸铜溶液中,则形成盐浓差电池,如图 2-4 所示。

(2) 氧浓差电池。

氧浓差电池是由于构成原电池溶液中不同区域含氧量不同造成的,如图 2-5 所示。位于高氧浓度区域的金属为阴极,位于低氧浓度区域的金属为阳极,阳极金属将被溶解腐蚀。在大气和土壤中金属的生锈、船舶的水线腐蚀均属于氧浓差电池腐蚀。

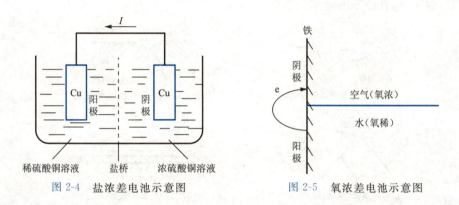

图 2-4　盐浓差电池示意图　　　　图 2-5　氧浓差电池示意图

3) 温差电池

温差电池往往是由于浸在电解质溶液中的金属处于不同温度环境下发生的。常在换热器、锅炉、浸没式加热器等处出现,因为它们都存在着温差。例如,检修碳钢换热器时,发现其高温端比低温端腐蚀严重。

4) 电解池阳极腐蚀

电解池的阳极发生金属溶解,因此人们可以用电解方法使金属作为电解池的阳极,使之腐蚀,称为阳极腐蚀。例如,电解铝生产、电镀作业等。

另外,电气机车、地铁以及电解工业的直流电源的漏电也会引起金属腐蚀,称为杂散电流腐蚀。

应当指出的是,上面介绍的是几种常见的宏观电池,在实际的腐蚀过程中,往往各种腐蚀原电池联合起作用,如温差电池常与氧浓差电池联合起作用。

2. 微观电池

不能用肉眼分辨出阴极与阳极的腐蚀原电池称为微观电池或微电池。微观电池是由金属表面的电化学不均匀性所引起的。形成微观电池的原因有以下几种(图 2-6)。

(1) 金属表面的化学成分不均匀形成微观电池。

例如,碳钢中的碳化物 Fe_3C、铸铁中的石墨都可以阴极形式出现,与基体金属 Fe

构成微电池,Fe 被腐蚀。

(2)金属组织结构的不均匀性形成微观电池。

组织结构是指组成合金的粒子种类、含量以及它们排列方式的统称。在同一金属或合金内部存在不同的组织结构,因而有不同的电极电位值。

(3)金属表面物理状态的不均匀性形成微观电池。

金属在机械加工过程中,由于各部位变形不均匀,受力不均匀,受力较大和应力集中的部位成为阳极。

(4)金属表面膜的不完整形成微观电池。

若金属表面膜失去了完整性,会形成微观电池,这种微观电池又称为膜孔电池。一般膜为阴极,孔隙下的金属为阳极。

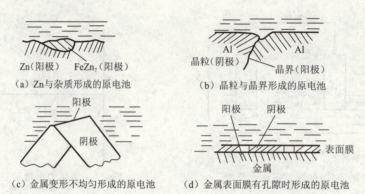

（a）Zn与杂质形成的原电池　　（b）晶粒与晶界形成的原电池

（c）金属变形不均匀形成的原电池　　（d）金属表面膜有孔隙时形成的原电池

图 2-6　金属组织、表面状态等不均匀所形成的微观电池

宏观电池的腐蚀形态是局部腐蚀,腐蚀破坏主要集中在阳极区。微观电池如果阴、阳极位置不断变化,腐蚀形态是全面腐蚀;如果固定不变,腐蚀形态是局部腐蚀。

实 例

腐蚀原电池形成原因举例如图 2-7 所示。

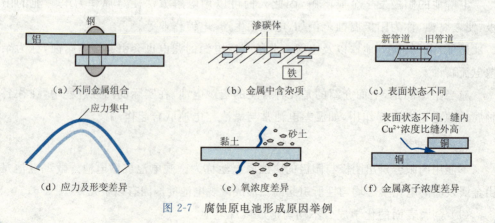

（a）不同金属组合　　（b）金属中含杂项　　（c）表面状态不同

（d）应力及形变差异　　（e）氧浓度差异　　（f）金属离子浓度差异

图 2-7　腐蚀原电池形成原因举例

第二节　电极电位

为什么不同金属在同一介质中的腐蚀情况会不一样呢？为什么同一金属在不同介质中的腐蚀速度也不相同呢？造成金属电化学腐蚀不同倾向的原因是什么？如何判断？所有这些都是腐蚀研究中至关重要的问题。为了弄清这些问题,首先必须了解电极电位、平衡电极电位和非平衡电极电位等概念,并且要了解它们与金属发生腐蚀倾向之间的关系。

一、电极系统

首先介绍几个基本概念。

(1) 导体。

导体是指能够导电的物体。从导体中形成电流的荷电粒子来看,可将导体分成两类:一类导体中,在电场作用下向一定方向移动的荷电粒子是电子或带正电的电子空穴,这一类导体称为电子导体;另一类导体中,在电场作用下向一定方向移动的荷电粒子是带正电荷的或带负电荷的离子,这一类导体称为离子导体。

(2) 系统中的相。

一个系统中由化学性质和物理性质一致的物质所组成的与系统中的其他部分之间有界面隔开的集合体,称为相。系统中,电子导体可构成电子导体相,离子导体可构成离子导体相。

(3) 电极系统。

如果一个系统由两个相组成,其中一个相是电子导体相,而另一个相是离子导体相,而且在这个系统中有电荷从一个相通过两个相的界面转移到另一个相,这个系统就称为电极系统。

(4) 电极反应。

在电极系统中伴随着两个非同类导体之间的电荷转移而在两相界面上发生的化学反应,称为电极反应。

 扩 展 阅 读

电极的含义

怎样理解在电化学文献当中经常使用的"电极"?"电极"这一术语的概念不十分确定。它具有两个不同的含义:

第一,在多数情况下仅指组成电极系统的电子导体相或电子导体材料,如:工作电极、辅助电极等,以及铂电极、石墨电极、铁电极。称相界面为"电极表面"正是源于这一含义。

第二,在少数场合下说到某种电极时,指的是电极反应或整个电极系统而不只是

电子导体材料。例如,一块铂片浸在 H_2 气氛下的 HCl 溶液中,往往称为"氢电极",以表示在某种金属(Pt)表面上进行的氢气与氢离子相互转化的电极反应。又比如,在电化学中常用的术语"参比电极"指的也是某一特定环境的电极系统及相应的电极反应,而不是仅指电子导体材料。

二、双电层

1. 双电层的建立

原电池两个电极间存在电位差,说明每个电极都存在一定的电势。电极存在电极电位的原因可以用双电层理论进行解释。

 信 息 岛

关于电极-溶液界面电势差产生的原因,最早提出见解的是亥姆霍兹(Helmholtz)。

他认为,当将金属片插入水或金属盐溶液中时,一方面,金属表面晶格上的离子受到极性水分子的吸引,有脱离金属表面进入溶液形成水化离子的趋势,这时金属表面由于电子过剩带负电而溶液相带正电。

另一方面,溶液中的金属离子亦有由溶液相进入金属相而使电极表面带正电的趋势。金属离子的这种相间转移趋势取决于金属离子在两相中电化学势的相对大小,即金属离子总是从电化学势较高的相转入电化学势较低的相中。最后由于受相间电化学势差的制约及静电引力的作用而达到平衡。

任何一种金属与电解质溶液接触时,其界面上的原子或离子之间必然发生相互作用,可能出现以下几种情况:

(1)金属表面带负电荷,溶液带正电荷。

金属表面上的金属正离子,由于受到溶液中极性分子的水化作用,克服了金属晶体中原子间的结合力而进入溶液被水化,成为水化阳离子。反应过程如下:

$$M^{n+} \cdot ne + nH_2O \Longrightarrow M^{n+} \cdot nH_2O + ne$$

产生的电子积存在金属表面上成为剩余电荷。剩余电荷使金属带有负电性,而水化的金属正离子使溶液带有正电性。由于它们之间存在静电引力作用,金属水化阳离子只在金属表面附近移动,出现一个动平衡过程,构成了一个相对稳定的双电层。许多负电性强的金属,如锌、镉、镁、铁等在酸、碱、盐的溶液中都会形成这种类型的双电层。这种双电层是一种离子双电层。

(2)金属表面带正电荷,溶液带负电荷。

电解质溶液与金属表面相互作用,如不能克服金属晶体原子间的结合力,就不能使金属离子脱离金属。相反,电解质溶液中部分金属阳离子却沉积在金属表面上,使金属带正电性,而紧靠金属的溶液层中积聚了过剩的阴离子,使溶液带负电性,这样就形成了双电层。这种双电层也是一种离子双电层。

这类双电层是由正电性金属在含有正电性金属离子的溶液中形成的。例如,铜在铜盐溶液中、汞在汞盐溶液中、铂在铂盐溶液中形成的双电层均属于此种形式。

（3）其他。

一些正电性金属或非金属(如石墨)在电解质溶液中,既不能被溶液水化成阳离子,也没有金属离子能沉积在其上,此时将出现另外一种双电层。例如,将铂(Pt)放入溶解有氧气的水溶液中,铂上将吸附一层氧气分子或氧原子,氧气从铂上取得电子并和水作用,生成 OH^- 存在于水溶液中,使溶液带有负电性,而铂金属失去电子带正电,这种电极称为氧电极。如果溶液中有足够的 H^+,也会夺取 Pt 上的电子,而使 H^+ 还原成为氢气,此时 Pt 电极也带正电,该种电极称为氢电极。这种双电层是一种吸附双电层。

综上所述,金属本身是电中性的,电解质溶液也是电中性的,但当金属以阳离子形式进入溶液、溶液中正离子沉积在金属表面上、溶液中离子或分子被还原时,都将使金属表面与溶液的电中性遭到破坏,形成带异种电荷的双电层。

2. 双电层的结构

人们对双电层的认识经历了 100 多年漫长的历程。1897 年亥姆霍兹提出平行板电容器的双电层结构模型,又称紧密双电层模型,如图 2-8 所示。他把双电层比喻为平行板电容器,金属表面以及被金属电极静电吸附的离子层可以看作是电容器的两块极板,两极板的距离 d 为一个水化离子的半径,即双电层厚度,φ_a 为紧密双电层电位。这种简化模型只适用于溶液离子浓度很大或者电极表面电荷密度较大的情况。

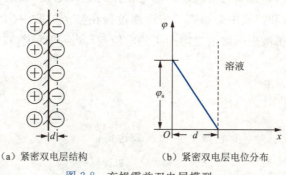

（a）紧密双电层结构　　　　（b）紧密双电层电位分布

图 2-8　亥姆霍兹双电层模型

1910 年 Gouy(古伊)、1913 年 Chapman(奇普曼)根据离子热运动原理,扩展了亥姆霍兹双电层模型,提出了双电层不是紧密层结构,而是扩散层结构,建立了"扩散模型",认为液相中的反离子呈单纯的扩散分布。

Stern(斯特恩)于 1924 年把古伊-奇普曼模型和亥姆霍兹模型结合起来,认为金属/溶液界面上的双电层是由紧密层与扩散层两大部分组成的,如图 2-9 所示,ψ 为紧密层电位,ψ^1 为扩散层电位分布,紧密层的厚度用 d 表示,d 值取决于界面层的结构。两相中剩余电荷能够相互接近时,紧密层就紧密,d 值小。无机阳离子由于水化程度较高;一般不能逸出而直接吸附在表面上,因而紧密层较厚。一些无机阴离子由于水化程度低,能直接吸附在电极表面上,组成很薄的紧密层。d 值一般在 10^{-10} m 数量级。扩散层厚度用 δ 表示,一般在 $10^{-9} \sim 10^{-8}$ m 数量级,它与浓度和温度有关,二者决定了扩散层厚度 δ 值。

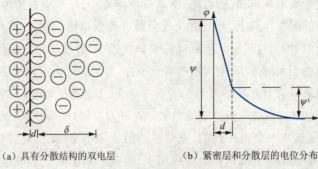

(a) 具有分散结构的双电层	(b) 紧密层和分散层的电位分布

图 2-9　斯特恩双电层模型

1947 年 D. C. Grahame(格拉哈姆)提出了紧密层中水化离子的问题,使人们对双电层的结构有了更清楚的认识。由于热运动,溶液一侧的水化离子只有一部分是比较紧密地附着在电极表面上,另一部分扩散地分布到本体溶液中。因此,形成扩散双电层,其中较紧密地固定在电极表面上的部分称为紧密层,另外一部分称为扩散层。也就是说,金属/溶液界面上的双电层是由紧密层与扩散层两大部分组成的。

由上述可知,金属在电解质溶液中会在金属/电解质溶液界面上形成双电层。双电层两侧的电位差,即金属与溶液之间的电位差为电极电位(或电极电位是指金属自动电离的氧化过程和溶液中金属离子的还原过程在整个扩散中达到平衡而建立双电层时,金属表面与扩散末端溶液之间产生的电位差)。换句话说,双电层的电位跃就是电极的电极电位。

 信 息 岛

双电层的形成引起界面附近的电位跃表达式:

$$\varphi = \psi + \psi' \tag{2-2}$$

式中　ψ——紧密层电位跃;

　　　ψ'——扩散层电位跃;

　　　φ——双电层总电位跃。

当金属带负电性时,双电层电位跃是负的;当金属带正电性时,双电层电位跃是正的;在溶液深处电位跃为零。

三、参比电极和平衡电极电位

1. 参比电极

为了测量金属和溶液间的电极电位,要选择一个电极系统来同被测电极系统组成

原电池。所选择的电极系统的电极反应要保持平衡,且与该电极反应有关的各反应物的化学位应保持恒定,这样的电极系统被称为参比电极。

由参比电极与被测电极系统组成的原电池电动势,被习惯地称为被测电极系统的电极电位。写出电极电位时,一般都应说明是用哪种参比电极测得的。

2. 平衡电极电位

1) 平衡电极电位

平衡电极电位是指当金属电极与溶液界面的电极过程建立起平衡,电极反应的电量和物质量在氧化、还原反应中都达到平衡时的电极电位。所以,电极电位总是同一定的电极反应相联系的。

2) 标准电极电位

E_0 称为标准电极电位(25 ℃,液相物质的活度 $a=1$,气相物质的逸度 $p=1$ atm,1 atm$=101.325$ kPa),表示如下:

$$E_0 = \frac{\sum \nu_j \mu_j^0}{nF}$$

式中　ν_j——物质 j 的计量系数;

　　　μ_j^0——物质 j 在 a 或 p 为单位值时的化学位。

氢标准电极电位为零。

25 ℃条件下,镀了铂黑的铂片浸在 H^+ 活度为 1 的 HCl 溶液中(压力为 101 325 Pa 的 H_2 气氛下)构成电极系统。这个电极系统的反应式为:

$$\frac{1}{2}H_2 \Longleftrightarrow H^+ + e$$

氢标准电极(SHE-Standard Hydrogen Electrode)称为一级参比电极(Primary Reference Electrode),如图 2-10 所示。在实际使用中,常常采用更为便利的二级参比电极,具体见表 2-4。

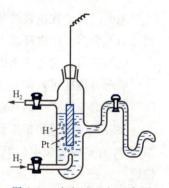

图 2-10　氢标准电极示意图

表 2-4　常用二级参比电极表

名　称	简　称	结　构	电极电位/V	一般用途
饱和甘汞电极 (Saturated Calomel Electrode)	SCE	$Hg[Hg_2Cl_2]|KCl(饱和)$	0.214	中性介质
当量甘汞电极 (Normal Calomel Electrode)	NCE	$Hg[Hg_2Cl_2]|KCl(1 mol/L)$	0.280	中性介质
十分之一甘汞电极	—	$Hg[Hg_2Cl_2]|KCl(0.1 mol/L)$	0.333	中性介质

名　称	简　称	结　构	电极电位/V	一般用途
标准甘汞电极 (Standard Calomel Electrode)	—	$Hg[Hg_2Cl_2]\mid KCl(a=1)$	0.268	中性介质
海水甘汞电极	—	$Hg[Hg_2Cl_2]\mid$ 海水	0.296	海　水
饱和硫酸铜电极 (Saturated Copper Sulfate Electrode)	CSE	$Cu\mid CuSO_4 \cdot 5H_2O$(饱和)	0.316	—
银-氯化银电极 (Silver-Silver Chloride Electrode)	—	$Ag,AgCl\mid KCl(1\ mol/L)$	0.222	
		$Ag,AgCl\mid KCl(0.1\ mol/L)$	0.290	

电动序:采用氢标准电极可以测定各种金属的电极电位。将金属按照其电极电位的大小由低到高排列成序,称为金属的电动序,如图 2-11 所示。

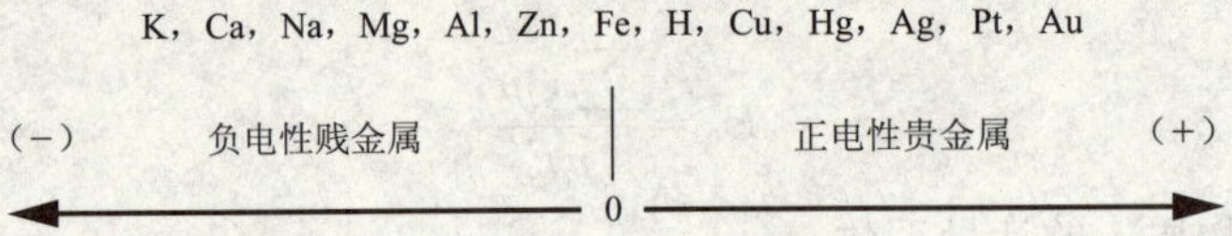

K, Ca, Na, Mg, Al, Zn, Fe, H, Cu, Hg, Ag, Pt, Au

(一)　　　　负电性贱金属　　　　|　　　　正电性贵金属　　　(+)

0

图 2-11　金属的电动序

3) 单电极与多重电极

单电极是指在电极的相界面(金属/溶液)上只发生单一的电极反应,而多重电极则可能发生多个电极反应。若在一个电极上发生两个反应,则该电极称为二重电极。

电极还可分为可逆电极和不可逆电极。

单电极往往可以做到正(+)向微电流所产生的效应(电子交换和物质交换)被负(一)向微电流所产生的效应抵消,即完成一个氧化、还原可逆过程。

在多重电极上很难做到电荷与物质交换都是可逆的,因此只有单电极才可能是可逆的,才有平衡电极电位可言。多重电极一般是不可逆电极,只能建立非平衡电极电位。

(1) 单电极。

单电极包括金属电极、气体电极和氧化还原电极三种。

① 金属电极。

$$Cu \Longrightarrow Cu^{2+} + 2e$$

离子交换迁移的同时伴随有电荷的交换,平衡时,$i_+ = i_- = i_0$,i_0 称为交换电流密度。

特别提示 ▶▶

(1)"交换电流密度"这个名称并不恰当,因为在平衡状态时并没有净电流的存在,所以 i_0 不过是表示平衡状态下氧化和还原速度的一种简便形式。

（2）交换电流密度大的金属（如 Cu,Zn,Ag,Pb,Hg）易于建立稳定的平衡电极电位,而 Fe,Ni,W 等金属的交换电流密度相当小,难于建立稳定的平衡电极电位。

（3）一般交换电流密度小的金属,耐蚀性好。

② 气体电极。

气体电极只有电子交换而无离子的迁移,如氢电极和氧电极。

③ 氧化还原电极。

为了区别于金属电极和气体电极,在比较狭义的范围内,将界面上只有电子可以交换、可以迁跃相界面的一种金属电极称为氧化还原电极,亦称惰性金属电极。例如,将 Pt 放于 FeCl₃ 溶液中：$Fe^{2+} \Longleftrightarrow Fe^{3+}+e$。

（2）二重电极。

二重电极是指在一个电极上发生两个电极反应,在实际腐蚀中是比较常见的。例如,Zn 放入盐酸、硫酸溶液中,可发生两个电极反应：

$$Zn \longrightarrow Zn^{2+}+2e$$
$$2H^+ +2e \longrightarrow H_2 \uparrow$$

反应都发生于 Zn 的表面上,虽然没有宏观电流通过,却由于放氢使两个有电子参与的化学反应得以持续进行。其总反应式为：

$$Zn+2H^+ \longrightarrow Zn^{2+}+H_2 \uparrow$$

这种电极是一种非平衡态不可逆电极。锌的氧化与氢离子的还原同时进行,反应达到平衡时只可能是电荷交换的平衡,$i_{氧化}=i_{还原}(i_{Zn/Zn^{2+}}=i_{H^+/H_2})$,而无物质量的平衡,此时的电极电位称为稳态电位。

3. 非平衡电极电位

在实际中,金属通常很少处于自己离子的溶液中,所涉及的不是平衡可逆的电极体系,其电位也属非平衡电极电位。但这种非平衡电极电位一般可以达到一个完全稳定的数值,故称为稳态电位。若在电极系统反应中电荷和物质均未达到平衡,电荷交换无恒定值,亦无恒定电位而言,这种电位称为非稳态电位。

如果在一个电极表面上同时进行两个不同物质的氧化、还原反应,但仅有电量的平衡,而无物质的平衡,此时的电位称为稳态电位。

第三节　金属腐蚀图（E-pH 图）

E-pH 图是由波尔贝（M. Pourbaix）等人首先提出的：以电极电位为纵坐标,以介质的 pH 值为横坐标,就金属与水的化学反应或电化学反应的平衡值而做出的线图。它反映了在腐蚀体系中所发生的化学反应与电化学反应处于平衡状态时的电位、pH 值和离子浓度的相互关系。

一、水的 E-pH 图

在水中放两支铂电极,加上电压,在阳极(放氧电极)上将发生的反应为:

$$2H_2O \longrightarrow O_2 + 4H^+ + 4e$$

反应中放出电子,产生的氧气溶入水中。随着所加电压的升高,产生的氧分压增大,达到一个大气压后,开始放氧。其放氧电极的电位(温度为 298 K)为:

$$E_{O_2} = 1.228 - 0.059pH + 0.014 \ 8lg \ p_{O_2}$$

当 $p_{O_2} = 1$ atm 时,电位为放氧电位(图 2-12 中的 m 线):

$$E_{O_2} = 1.228 - 0.059pH$$

阴极为放氢电极:

$$2H^+ + 2e \longrightarrow H^2 \uparrow$$

放氢电极的电位为:

$$E_{H_2} = -0.059pH - 0.029 \ 5lg \ p_{H_2}$$

当 $p_{H_2} = 1$ atm 时,电位为放氢电位(图 2-12 中的 n 线)为:

$$E_{H_2} = -0.059pH$$

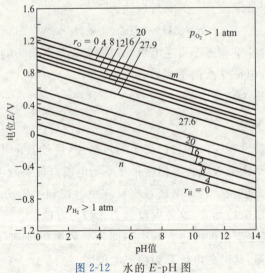

图 2-12　水的 E-pH 图

r_O——lg p_{O_2};r_H——lg p_{H_2}

由上述结果可绘制出水的 E-pH 图(E 作纵坐标,溶液 pH 值作横坐标)。由图 2-12 可知,水的电位在 m 线和 n 线之间是热力学稳定区,水可分解成分压小于 1 atm 的氢气与氧气。当电位高于 m 线时即放氧,低于 n 线时则放氢。当 pH 值减小(酸度增加)时放氧难,放氢却容易;相反,当碱性增加时放氧容易,放氢变得难了。m,n 线平行,相距 1.228 V,是理论分解水的电压,它不随 pH 值而变化。

另外,从 E-pH 图可知,随着电位的升高,氧化作用增强;随着电位的降低,还原作用增强。即提高电位,相当于强化氧化;降低电位,相当于加强还原。

二、Fe 的 E-pH 图

在 Fe-H_2O 系中,首先考虑 Fe^{2+},Fe^{3+},FeO_2H^-,FeO_4^{2-} 四种离子,其平衡关系式为:

$$Fe^{3+} + e \Longrightarrow Fe^{2+} \qquad ①$$

$$E = E_0 + 0.059\lg\frac{a_{Fe^{3+}}}{a_{Fe^{2+}}} = 0.771 + 0.059\lg\frac{a_{Fe^{3+}}}{a_{Fe^{2+}}}$$

$$FeO_2H^- + 3H^+ \Longrightarrow Fe^{2+} + 2H_2O \qquad ②$$

$$\lg\frac{a_{FeO_2H^-}}{a_{Fe^{2+}}} = \lg K + 3pH = -31.9 + 3pH$$

$$FeO_4^{2-} + 8H^+ + 3e = Fe^{3+} + 4H_2O \qquad ③$$

$$E = E_0 - 0.157\,5pH + 0.019\,7\lg\frac{a_{FeO_4^{2-}}}{a_{Fe^{3+}}}$$

$$= 1.699 - 0.157\,5pH + 0.019\,7\lg\frac{a_{FeO_4^{2-}}}{a_{Fe^{3+}}}$$

$$FeO_4^{2-} + 8H^+ + 4e = Fe^{2+} + 4H_2O \qquad ④$$

$$E = E_0 - 0.118\,2pH + 0.014\,8\lg\frac{a_{FeO_4^{2-}}}{a_{Fe^{2+}}}$$

$$= 1.462 - 0.118\,2pH + 0.014\,8\lg\frac{a_{FeO_4^{2-}}}{a_{Fe^{2+}}}$$

$$FeO_4^{2-} + 5H^+ + 4e = FeO_2H^- + 2H_2O \qquad ⑤$$

$$E = E_0 - 0.073pH + 0.014\,8\lg\frac{a_{FeO_4^{2-}}}{a_{FeO_2H^-}}$$

$$= 0.993 - 0.073pH + 0.014\,8\lg\frac{a_{FeO_4^{2-}}}{a_{FeO_2H^-}}$$

E_0 是依据所涉及的组分标准化学势(位)μ^0 值确定的,μ^0 值可查相关图表确定。本处所用的值分别为:$\mu_{Fe}^0 = 0$,$\mu_{Fe(OH)_2}^0 = -115\,570$ cal,$\mu_{Fe^{2+}}^0 = -20\,300$ cal,$\mu_{Fe^{3+}}^0 = -2\,530$ cal,$\mu_{H_2O}^0 = -56\,690$ cal,$\mu_{O_2}^0 = 0$,$\mu_{H^+}^0 = 0$,$\mu_{FeO_2H^-}^0 = -90\,250$ cal,$\mu_{FeO_4^{2-}}^0 = -111\,760$ cal(1 cal = 4.18 J)。

根据以上化学式和值求出以下各量:

①中的 E_0 值

$$E_0 = \frac{\sum\mu^0}{1 \times 23\,060} = \frac{-2\,530 - (-20\,300)}{23\,060} = 0.771 \ (V)$$

②中的 $\lg K$ 值

$$\lg K = \frac{-\Delta G^0}{2.3RT} = \frac{\mu_{FeO_2H^-}^0 + 3\mu_{H^+}^0 - \mu_{Fe^{2+}}^0 - 2\mu_{H_2O}^0}{2.3RT}$$

$$= \frac{-90\ 250 + 20\ 300 + 56\ 690 \times 2}{2.3 \times 8.314 \times 298} \times 4.18 = 31.9$$

③中的 E_0 值

$$E_0 = \frac{\sum \mu^{\circ}}{3 \times 23\ 060} = \frac{\mu^0_{\mathrm{FeO_4^{2-}}} + 8\mu^0_{\mathrm{H^+}} - \mu^0_{\mathrm{Fe^{3+}}} - 4\mu^0_{\mathrm{H_2O}}}{3 \times 23\ 060}$$

$$= \frac{-111\ 760 + 2\ 530 + 4 \times 56\ 690}{3 \times 23\ 060} = 1.699\ (\mathrm{V})$$

④中的 E_0 值可同理算出

$$E_0 = 1.462\ \mathrm{V}$$

⑤中的 E_0 值可同理算出

$$E_0 = 0.993\ \mathrm{V}$$

在图 2-13 中将①,②,③,④,⑤的关系表示出来,得到相应的①,②,③,④,⑤线及其各离子稳定区域。

下面对固相 Fe,Fe(OH)$_2$,Fe(OH)$_3$ 之间的平衡关系加以分析。

$$\mathrm{Fe(OH)_2 + 2H^+ + 2e = Fe + 2H_2O} \qquad ⑥$$

$$E = -0.045 - 0.059\mathrm{pH}$$

$$\mathrm{Fe(OH)_3 + H^+ + e = Fe(OH)_2 + H_2O} \qquad ⑦$$

$$E = -0.0271 - 0.059\mathrm{pH}$$

将⑥,⑦的关系用图 2-14 表示,得到固相 Fe,Fe(OH)$_2$,Fe(OH)$_3$ 的稳定区域。

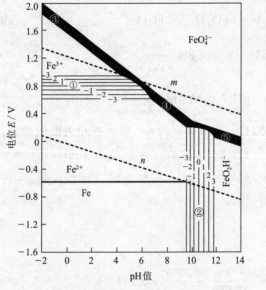
图 2-13　各种离子稳定区(Fe-H$_2$O 系 E-pH 图)

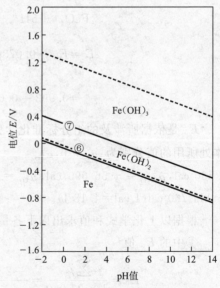
图 2-14　Fe-H$_2$O 系固相稳定区平衡图

由图 2-13 及图 2-14 可见,Fe^{3+} 稳定区域与 Fe,Fe(OH)$_2$,Fe(OH)$_3$ 三个固相稳定区域的一部分相重合,在此区域内存在一个相平衡的问题。该平衡关系中,与两价铁离子相平衡的线有：

$$Fe^{2+} + 2e = Fe \qquad ⑧$$

$$E = -0.440 + 0.029\ 5\lg a_{Fe^{2+}}$$

$$Fe(OH)_2 + 2H^+ = Fe^{2+} + 2H_2O \qquad ⑨$$

$$\lg a_{Fe^{2+}} = 13.29 - 2pH$$

$$Fe(OH)_3 + 3H^+ + e = Fe^{2+} + 3H_2O \qquad ⑩$$

$$E = 1.057 - 0.177\ 3pH - 0.059\lg a_{Fe^{2+}}$$

与其他离子 Fe^{3+}，FeO_2H^-，以及 $Fe(OH)_3$ 相平衡的线有：

$$Fe(OH)_3 + 3H^+ = Fe^{3+} + 3H_2O \qquad ⑪$$

$$\lg a_{Fe^{3+}} = 4.84 - 3pH$$

$$Fe + 2H_2O = FeO_2H^- + 3H^+ + 2e \qquad ⑫$$

$$E = 0.493 - 0.086pH - 0.029\ 5\lg a_{FeO_2H^-}$$

$$Fe(OH)_2 = FeO_2H^- + H^+ \qquad ⑬$$

$$\lg a_{FeO_2H^-} = -18.30 + pH$$

$$FeO_2H^- + H_2O = Fe(OH)_3 + e \qquad ⑭$$

$$E = -0.810 - 0.059\lg a_{FeO_2H^-}$$

⑧，⑨，⑩，⑪，⑫，⑬，⑭的关系如图 2-15 所示。

水对铁的腐蚀生成的稳定氧化物最终是 Fe_2O_3 和 Fe_3O_4，将其作为平衡固相，通过计算绘出 E-pH 图，如图 2-16 所示（平衡相：Fe，Fe_3O_4，Fe_2O_3）。

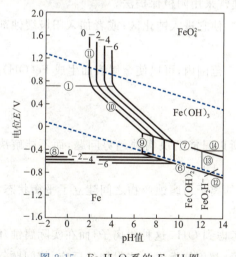

图 2-15　Fe-H_2O 系的 E-pH 图

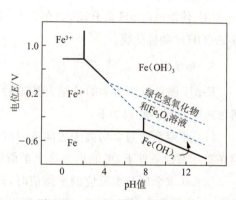

图 2-16　E-pH 图（Fe-H_2O 系中 Fe，Fe_3O_4，Fe_2O_3 相平衡）

三、E-pH 图在腐蚀中的应用

1. 应用

假定以平衡金属离子浓度 10^{-6} mol/L 作为金属腐蚀与否的分界线，则可得简化

E-pH 图(图 2-17),可见有三种类型的区域。

(1) 非腐蚀区:图 2-17 中 B 区域,在该区域内,电位和 pH 值的变化将不会引起金属的腐蚀,金属处于稳定状态。

(2) 腐蚀区:图 2-17 中 A 和 D 区域,在该区域内,金属是不稳定的,可随时被腐蚀,而离子则是稳定的。

(3) 钝化区:图 2-17 中 C 区域,在该区域内,会生成稳定的固态氧化物、氢氧化物或盐,金属是否遭受腐蚀取决于所生成的固态膜有无保护性,也就是看它是否进一步阻碍金属的溶解。

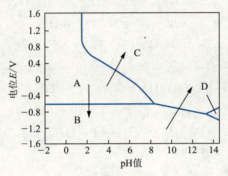

图 2-17　简化后的 E-pH 图

2. 防腐措施

(1) 把铁的电极电位降低至非腐蚀区,通常采用阴极保护法。

(2) 把铁的电极电位上升,采用阳极保护,使它进入钝化区;或者加入阳极缓蚀剂或氧化剂,使金属表面生成一层钝化膜。

(3) 使溶液的 pH 值升高,如在 9.4～12.5 范围内,可以使金属表面生成 $Fe(OH)_2$ 或 $Fe(OH)_3$ 的钝化膜。

3. 局限性

E-pH 图是以热力学的数据为基础的,所以只能解决腐蚀趋势问题,而不能解决腐蚀速度问题。原因如下:

(1) 假定金属与金属离子之间或溶液中的离子与腐蚀产物之间建立了平衡状态,但在实际腐蚀条件下,可能远离这个平衡状态。

(2) 在求金属与水反应的平衡值时,只考虑到 OH^- 这种阴离子,而在实际腐蚀环境中,往往还存在 Cl^-,SO_4^{2-},PO_4^{3-} 等阴离子,都可能发生一些附加的反应,使问题复杂化。

(3) 波尔贝把金属氢氧化物存在的区域当作钝化区,但是所生成的氢氧化物不一定都成为有保护性的钝化膜。

(4) 平衡反应中,如果涉及 H^+ 或 OH^- 的生成,则金属局部表面的 pH 值会发生变化,金属表面的 pH 值和溶液内部的 pH 值有一定的差别,不能通过溶液的 pH 值来直接断定金属表面的 pH 值。

将铁与水的各种 E-pH 图合在一起，对讨论铁的防腐有一定的指导意义。Fe-H_2O 系 E-pH 图（铁防腐的 E-pH 图）如图 2-18 所示。

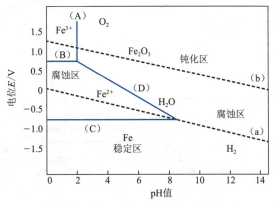

图 2-18　铁防腐的 E-pH 图

（1）图中（C）线以下是铁的免腐蚀区。外加直流电源，将铁作为阴极，处在低电位区，这就是电化学的阴极保护法。

（2）铁与酸性介质接触，在无氧气的情况下被氧化成二价铁，所以置换反应只生成二价铁离子。在有氧气参与下，二价铁被氧化成三价铁，这样组成原电池的电动势大，铁被腐蚀的趋势亦大。

（3）图中（A），（D）线以左区域是铁的腐蚀区，要远离这个区域。常用油漆、塑料或金属在铁的表面形成保护层，将铁与氧气、水、氢离子隔离；或用强氧化剂在铁的表面形成致密的氧化铁层，使铁钝化。

（4）在（A），（D）线以右，铁有可能被氧化成 Fe_2O_3 或 Fe_3O_4，这样可保护里面的铁不被进一步氧化，称为铁的钝化区。如果在电位较低的强碱性溶液中，铁也有可能被腐蚀生成亚铁酸离子。

第四节　极化与去极化

腐蚀原电池的电动势越大，腐蚀的可能性也越大。但电动势越大，并不等于腐蚀速度越大。比如，地势不同使水存在下落的可能，但下落的速度以及会不会发生下落与水流途径有无阻碍有关。因此除了要研究腐蚀发生的可能性外，还要研究腐蚀速度等因素。

一、极化现象

由于电极上有电流通过而造成电位变化的现象称为极化现象。因为电流通过而发生电极电位偏离起始电位 $E_{(i=0)}$ 的变化值,用过电位或超电位 η 来表示,$\eta = E_i - E_{(i=0)}$。

由于有电流通过而引起原电池两极间的电位差减少的现象称为原电池极化。若阳极电位向正方向变化,称为阳极极化;若阴极电位向负方向变化,称为阴极极化,如图 2-19 所示。

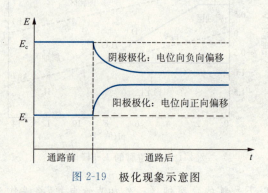

图 2-19　极化现象示意图

无论是阳极极化还是阴极极化都能使腐蚀原电池两极间的电位差减少,导致腐蚀原电池所流过的电流减少,所以极化是阻滞金属腐蚀的重要因素之一。

二、极化的原因

一个电极反应过程的进行包括三个互相衔接的步骤:

(1) 参加反应的物质由溶液内部向电极表面附近液层传递。

(2) 反应物质在电极与溶液界面上进行氧化还原反应,得失电子。

(3) 反应产物转入稳定状态。

电极反应的速度由以上三个过程控制,哪一个过程变慢都会影响反应速度,根据受阻情况不同,可以将电极极化的原因归结为以下三种:

(1) 由于电极上电化学反应速度缓慢而引起的极化,称为电化学极化(活化极化)。

(2) 由于反应物质或反应产物传递太慢而引起的极化,称为浓差极化。

(3) 由于电极表面生成了高阻氧化物或溶液电阻增大等使电流的阻力增大而引起的极化,称为电阻极化。

1. 产生阳极极化的原因

(1) 阳极过程进行缓慢。

阳极过程是金属失去电子而溶解成水化离子的过程,在腐蚀原电池中金属失掉的电子迅速地由阳极流到阴极,但一般金属的溶解速度跟不上电子的转移速度,即 $V_{电子}$

$> V_{金属溶解}$，这必然使双电层平衡遭到破坏，使双电层内层电子密度减少，所以阳极电位向正方向偏移，产生阳极极化。

这种由于阳极反应过程进行缓慢而引起的极化称为金属的活化极化，又称电化学极化，其过电位用 η_a 表示。

（2）阳极表面的金属离子浓度升高，阻碍金属的继续溶解。

由于阳极表面金属离子扩散缓慢，会使阳极表面的金属离子浓度升高，阻碍金属的继续溶解。如果近似认为它是一个平衡电极的话，则由能斯特公式可知，金属离子浓度升高必然使金属的电位向正方向移动，产生阳极极化，这种极化称为浓差极化，其过电位用 η_c 表示。

（3）金属表面生成保护膜。

在腐蚀过程中，由于在金属表面上生成了保护膜，阳极过程受到膜的阻碍，金属的腐蚀速度大为降低，结果使阳极电位向正方向剧烈变化，这种现象称为钝化。铝和不锈钢等金属在浓硝酸中就是借助钝化来耐蚀的。

由于金属表面保护膜的产生，使得电池系统中的内电阻随之增大，这种现象就称为电阻极化，其过电位用 η_r 表示。

2. 产生阴极极化的原因

（1）阴极过程进行缓慢。

阴极过程是得到电子的过程，若阳极过来的电子过多，阴极接受电子的物质由于某种原因与电子结合的反应速度（消耗电子的反应速度）进行缓慢，使阴极处有电子堆积，电子密度增大，导致阴极电位越来越负，即产生了阴极极化。这种由于阴极消耗电子过程缓慢所引起的极化称为阴极活化极化，其过电位用 η_a 表示。

📖 **扩 展 阅 读**

（1）由于氢离子生成氢分子的放氢阴极过程进行缓慢而引起极化，这时的过电位称为析氢过电位，简称氢过电位。

（2）由于吸氧生成氢氧根的阴极过程进行缓慢而引起极化，这时的过电位称为吸氧过电位，简称氧过电位。

（2）阴极附近反应物或反应生成物扩散缓慢。

阴极附近反应物或反应生成物扩散缓慢也会引起极化，如氧或氢离子到达阴极的速度达不到反应速度的要求，造成氧或氢离子反应物补充不上去而引起的极化；又如阴极反应产物 OH^- 离开阴极的速度慢也会直接影响或妨碍阴极过程的进行，使阴极电位向负方向偏移，这种极化称为浓差极化，其过电位用 η_c 表示。

在实际腐蚀问题中，因条件不同，可能是某种或某几种极化对腐蚀起控制作用，故总极化电位 η 是由电化学极化、浓差极化和电阻极化共同作用的结果，表示为：

$$\eta = \eta_a + \eta_c + \eta_r \tag{2-3}$$

三、极化曲线及测定

1. 极化曲线

表示电极电位和电流之间关系的曲线称为极化曲线。表示阳极电位和电流之间关系的曲线称为阳极极化曲线;表示阴极电位和电流之间关系的曲线称为阴极极化曲线。极化曲线的形状和变化规律反映了电化学过程的动力学特征。通常极化曲线通过实测方法得到,如图 2-20 所示。

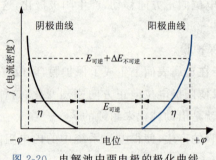

图 2-20　电解池中两电极的极化曲线

极化曲线又可分为表观极化曲线和理论极化曲线两种。表观极化曲线表示通过外电流时电位与电流的关系,亦称实测的极化曲线,它可借助参比电极实测出来,如图 2-21 所示。理论极化曲线表示在腐蚀原电池中局部阴极和局部阳极的电流和电位之间的变化关系。在实际腐蚀中,有时局部阴极和局部阳极很难分开,或根本无法分开,所以理论极化曲线有时是无法得到的。

一个任意电极实测的表观极化曲线均可分解成两个局部极化曲线,即阳极极化曲线和阴极极化曲线。下面以铁在 HCl 溶液中的实测极化曲线进行说明。

图 2-22 表示了 Fe 在 HCl 溶液中的实测极化曲线 $cwrjb$。它可分解成 $cwqo$ 的 $I_c\text{-}E$ 极化曲线(阴极极化曲线,阴极反应:$2H^+ + 2e \longrightarrow H_2$)和 $apjb$ 的 $I_a\text{-}E$ 极化曲

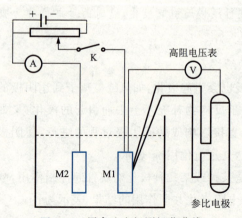

图 2-21　用参比电极测极化曲线

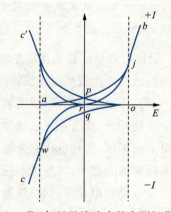

图 2-22　Fe 在 HCl 溶液中的实测极化曲线

线(阳极极化曲线,阳极反应:$Fe \longrightarrow Fe^{2+} + 2e$)。若电流用绝对值表示,即相当于将图 2-22 中横坐标的下部曲线沿电位 E 轴翻转 180°,两条极化曲线的交点 p 的横、纵坐标分别表示腐蚀电位值(E_{corr})和腐蚀电流值(I_{corr})。

将待研究试样接在电源正极上,可测得阳极极化曲线;将其接在电源负极上,可测得阴极极化曲线。形成腐蚀原电池时,电极是阳极极化还是阴极极化要根据通过该电极的电流来决定。

图 2-23 是用半对数(E-lg i)表示的极化曲线。由该图可见,无论是阳极极化曲线还是阴极极化曲线,在远离腐蚀电位(E_{corr})(即超过约 50 mV 以上)处均与实测的极化曲线基本重合,其过电位与通过电极电流密度 i 之间呈线性关系:

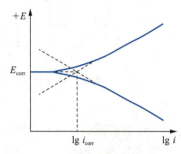

图 2-23 用半对数(E-lg I)表示的极化曲线

$$\eta = a + b \lg i \tag{2-4}$$

此线性关系称为塔费尔(Tafel)关系,可以借助实测得到的阴极极化曲线或阳极极化曲线,通过塔费尔关系外推预测出腐蚀电流(I_{corr})和腐蚀电压(E_{corr})。

2. 极化曲线的测定

为了测定电极的极化曲线,可以借助腐蚀原电池自身电流引起极化,也可以借助外加电流来完成极化。

(1)利用腐蚀原电池自身电流变化,对应测出电极的极化电位。

如图 2-24 所示,首先用大电阻箱接通辅助电极和工作电极,它们之间无电流,用电位仪可测出稳定开路电位,即工作电极的稳定电压。然后减少电阻箱的电阻值,增加两极间的电流,如每次增加 0.2 mA,每隔 5 min 测定一次电压值,一直测到电阻值为零,电流最大,实现完全极化为止,做出 E-I 曲线,这就是利用腐蚀原电池自身的腐蚀电流变化来测定极化曲线的过程。

(2)借助外加电流实现电极极化来测定极化曲线。

① 恒电流法:以电流为自变量,测定电位与电流的关系,即 $E = f(I)$。

恒电流法比较简便,只需一个稳定的直流电源,易于掌握,如图 2-25 所示。用恒电流法测定极化曲线时,在外加电流通电以前,首先测定金属在溶液中的自腐蚀电位。测定阳极极化曲线时,将电源正极接到被测金属(阳极)上,负极接辅助电极。外加电流的大小由串联在电路中的可调电阻来控制,调节电流 I 由小到大,逐点测定达到稳定状态下相应的极化电位 E。测定阴极极化曲线时,将电源负极接到被测金属(阴极)上,正极接辅助电极。选用直流高阻电压表(内阻>1 MΩ)测定电极电位。

恒电流法测定阴极极化曲线的实验步骤如下:

a. 把加工到一定光洁度的试件用细砂纸打磨光亮,测量其尺寸,安装到夹具上,分别用丙酮和乙醇擦洗脱脂。

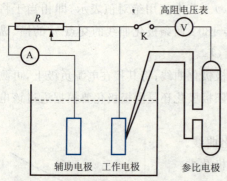

图 2-24 利用腐蚀原电池自身电流变化
测电极极化电位

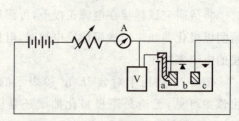

图 2-25 恒电流法极化曲线测量装置
a—饱和甘汞电极；b—试验电极；c—辅助电极；
V—直流高阻电压表；A—直流电流表

b. 根据图示连接好线路，在电解池中注入 3% 的氯化钠水溶液，装上试件，引出导线，先不接通电源。

c. 用高阻电压表测定碳钢在 3% 氯化钠水溶液中的自腐蚀电位，一般在几分钟至 30 min 内可取得稳定值。

d. 确定极化度。极化度为单位电流下的电压变化量。若极化度过大，则测定的数据间隔大，难以获得极化曲线拐点的数值；若极化度过小，则测量速度慢。因此，要根据极化曲线的特点，选取适当的极化度，在同一曲线的不同线段也可以选取不同的极化度。

e. 进行无搅拌极化测量。调节可调电阻箱减小电阻，使极化电流达到一定值，在 2～3 min 内读取相应的电位值。然后，每隔 2～3 min 调节一次电流，记录该电流下相应的电位值，直到阴极电流较大而电位变化缓慢为止，观察并记录在阴极表面上开始析出氢气泡的电位。

f. 按照步骤 c, d 测定搅拌下的阴极极化曲线。

特别提示 ▶▶

恒电流法对于电流和电位呈多值函数关系的情况是不适用的，如金属处于钝化区或活化区向钝化区转变的情况，如图 2-26 所示。恒电流法测出的极化曲线是 abef，但测不出 abcdef（bc—钝化区，cd—稳定钝化区）。换句话说，对于具有钝化特性的金属，其阳极极化曲线本应呈 abcdef 曲线，但恒电流法无法测出这种特征曲线。因为在同一电流下，曲线上出现了几个不同的电位值。

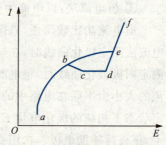

图 2-26 金属的钝化极化曲线

因此，这时必须采用恒电位法。控制电位就等于控制了热力学状态，即阳极表面状态。所以,用恒电位法能测出活化、钝化、过钝化状态以及这些状态之间过渡的完整曲线。

② 恒电位法:以电压为自变量,测定电流与电位的关系,即 $I = f(E)$。

恒电位法测定金属极化曲线的示意图如图 2-27 所示。恒电位法的实验步骤如下:

a. 把加工到一定光洁度的试件用细砂纸打磨光亮,测量其尺寸,安装到夹具上,分别用丙酮和乙醇擦洗脱脂。

b. 连接好测试电路,检查各接头是否正确,盐桥是否导通。

c. 测定碳钢在氨水中的自腐蚀电位(相对饱和甘汞电极约 -0.8 V)。若电位偏正,可用很小的阴极电流活化 $1 \sim 2$ min 再测定。

d. 调节恒电位仪进行阳极极化。每隔 $2 \sim 3$ min 调节一次电位。在电流变化幅度较大的活化区和过钝化区,每次可调节 20 mV 左右;在电流变化较小的钝化区,每次可调节 $50 \sim 100$ mV。记录下对应的电位与电流值,观察其变化规律及电极表面的现象。

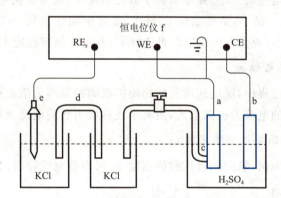

图 2-27　恒电位法测定极化曲线

a—研究电极;b—辅助电极(铂);c—鲁金毛细管;d—盐桥;e—参比电极;f—恒电位仪;

RE_x—参比电极输入端;WE—输出阴极;CE—输出阳极

扩展阅读

恒电位法又分为电位台阶法和电位连续扫描法。

(1) 稳态法(即电位台阶法):测定时将电位较长时间地维持在某一稳定值,同时测量基本达到稳定的某一电流值,逐点测量,每次递增 10,50 或 100 mV 不等,如此记录获得完整的极化曲线。

(2) 动态法(即电位连续扫描法):控制电位以慢速连续地变化(扫描),并测出对应电位的瞬时电流值,以获得完整的极化曲线。

推荐电位台阶法的电位增量和时间间隔是 50 mV/(5 min),电位扫描速度为 10 mV/min。实验证明二者取得的结果完全一样。

四、极化过电位的计算

1. 活化极化过电位 η_a

前面已经叙述过,由于电极反应速度缓慢所引起的极化,或者说电极反应受到电化学反应速度控制的极化称为活化极化,也称为电化学极化。它可以发生在阳极过程,也可以发生在阴极过程,在析氢或吸氧的阴极过程中表现尤为明显。其反应速度 i_v 与活化极化过电位 η_a 有以下关系:

$$\eta_a = \pm \beta \lg \frac{i_v}{i_0} \tag{2-5}$$

式中　β——塔费尔(Tafel)常数(直线的斜率);

　　　i_v——以电流密度表示的阳极或阴极反应速度;

　　　i_0——交换电流密度;

　　　η_a——活化极化过电位,"+"表示阳极极化,"-"表示阴极极化。

电极过程中过电位的大小,除了取决于极化电流外,还与交换电流密度 i_0 密切相关。交换电流密度 i_0 越小,则过电位 η_a 越大,金属耐蚀性越好。交换电流密度 i_0 越大,其过电位 η_a 越小,说明电极反应的可逆性大,基本可保持稳定平衡态。

2. 浓差极化过电位 η_c

电极反应进行过程中,反应速度受到物质扩散的控制即为浓差极化。溶液中由扩散传质过程所引起的电流为扩散电流,由离子迁移所引起的电流为迁移电流。

1)浓差极化极限扩散电流密度 i_d

以氧阴极还原为例,氧向阴极扩散的速度 v_1 可由费克定律得出:

$$v_1 = \frac{D}{x}(c - c_e) \tag{2-6}$$

式中　x——扩散层的厚度;

　　　c——溶液中本体氧的浓度;

　　　c_e——电极表面氧的浓度;

　　　D——扩散系数。

电极反应速度 v_2 可由法拉第定律得出:

$$v_2 = \frac{i_{扩}}{nF} \tag{2-7}$$

若扩散层控制电极反应速度,则 $v_1 = v_2$,于是扩散电流密度 $i_{扩}$ 为:

$$i_{扩} = \frac{nFD}{x}(c - c_e) \tag{2-8}$$

当电极反应稳定进行时,电极上放电物质的总电流密度 i 应等于该物质的迁移电流密度 $i_{迁}$ 和扩散电流密度 $i_{扩}$ 之和:

$$i = i_{扩} + i_{迁} = \frac{nFD}{x}(c - c_e) + i \cdot t_i$$

$$i = \frac{nFD}{(1 - t_i)x}(c - c_e) \tag{2-9}$$

式中　t_i——i 离子的迁移数。

通电前，$i = 0$，$c = c_e$，电极表面与溶液本体浓度一样；

通电后，$i \neq 0$，$c > c_e$，随电极反应的进行，电极附近离子或氧原子消耗，c_e 减小。当 $c_e \to 0$ 时，i 值达到最大，为 i_d：

$$i_d = \frac{nFD}{(1 - t_i)x}c \tag{2-10}$$

由于 $c_e \to 0$，电极表面趋于无反应离子或氧原子存在，因此该离子的迁移数也自然很小，$t_i \to 0$，故：

$$i_d = \frac{nFDc}{x} \tag{2-11}$$

式中　i_d——极限扩散电流密度，它间接地表示扩散控制的电化学反应速度。

由式(2-11)可知，扩散控制的电化学反应速度与反应物质扩散系数 D、反应物质在主体溶液中的浓度 c 及交换电子数 n 成正比，与扩散层的厚度 x 成反比，因此：

(1) 降低温度，使扩散系数 D 减小，i_d 也减小，腐蚀速度减小。

(2) 减少反应物质浓度 c，如减少溶液中氧、氢离子的浓度等，腐蚀速度减小。

(3) 通过搅拌或改变电极的形状，减少扩散层的厚度 x，会增大极限扩散电流密度(i_d)，因而加剧阳极溶解，提高腐蚀速度；反之，增加 x，减小极限扩散电流密度(i_d)，可提高其耐蚀性。

极限扩散电流密度通常只在还原过程(即阴极过程)中显现出重要作用，在金属阳极溶解过程中并不重要，可以忽略。

2) 浓差极化过电位 η_c

浓差极化是由电极附近反应离子与溶液本体中反应离子的浓度差引起的。

以氢电极为例，反应前，氢电极电位为：

$$E_H = E_0 + \frac{0.059}{n}\lg c_{H^+} \tag{2-12}$$

反应后，氢电极电位为：

$$E'_H = E_0 + \frac{0.059}{n}\lg c_{eH^+} \tag{2-13}$$

反应进行中阴极消耗了反应离子，造成阴极区离子浓度 $c_{eH^+} < c_{H^+}$，促成浓差极化过电位：

$$\eta_c = E'_H - E_H = \frac{0.059}{n}\lg \frac{c_{eH^+}}{c_{H^+}} \tag{2-14}$$

式中，η_c 为负值。

由上述公式可知：

$$\frac{i}{i_d} = 1 - \frac{c_{eH^+}}{c_{H^+}} \quad \left(即 \quad \frac{c_{eH^+}}{c_{H^+}} = 1 - \frac{i}{i_d}\right) \tag{2-15}$$

这样有：

$$\eta_c = \frac{0.059}{n}\lg\left(1 - \frac{i}{i_d}\right) \tag{2-16}$$

由此可见，只有当还原反应的电流密度 i 增加到接近极限扩散电流密度 i_d 时，浓差极化才显著出现。

环境的改变，如溶液流速增大、反应物浓度增加、温度升高等，都会导致极限扩散电流密度 i_d 的增加，使阴极极化曲线（η_c-$\lg i$）发生变化（图2-28），加剧腐蚀过程。

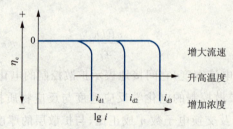

图 2-28　环境改变对阴极极化曲线的影响

3. 混合极化

在实际腐蚀过程中，经常在一个电极上同时产生活化极化和浓差极化。在低反应速度下常常表现为以活化极化为主，而在较高的反应速度下才表现出以浓差极化为主，因此一个电极的总极化由活化极化和浓差极化之和构成，即

$$\eta_T = \eta_a + \eta_c = \pm\beta\lg\frac{i_v}{i_0} + 2.3\frac{RT}{nF}\lg\left(1 - \frac{i}{i_d}\right) \tag{2-17}$$

式中　η_T——混合极化过电位。

应该着重强调指出的是，活化极化过电位公式和混合极化过电位公式是电化学腐蚀中两个重要的基本方程式。除了具有钝化行为的金属腐蚀问题之外，所有的腐蚀反应动力学过程均可由 β、i_d 和 i_0 反映出来（图2-29），并用其来解释腐蚀反应中复杂的现象。

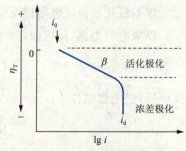

图 2-29　混合极化曲线

4. 电阻极化

在电极表面由于电流通过生成了使电阻增加的物质（如钝化膜）而产生的极化现象称为电阻极化，所引起的过电位称为电阻过电位 η_r：

$$\eta_r = iR \tag{2-18}$$

凡能生成氧化膜、盐膜、钝化膜等增加阳极电阻的均可形成电阻极化。

五、腐蚀极化图

1. 伊文思腐蚀极化图

为了研究金属腐蚀,在不考虑电极电位及电流变化具体过程的前提下,只从极化性能相对大小、电位和电流的状态出发,伊文思依据电荷守恒定律和完整的原电池中电极是串联于电流回路中,电流流经阴极、电解质溶液、阳极,其电流强度应相等的原理,提出了如图 2-30 所示的腐蚀图,称为伊文思腐蚀极化图。

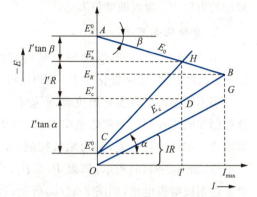

图 2-30　伊文思腐蚀极化图

图 2-30 中 AB 表示阳极极化直线,BC 表示阴极极化直线,OG 表示原电池内阻电位降直线,CH 为考虑到内阻电位降和阴极极化电位降的总极化曲线。

图 2-30 中,阳极极化曲线和阴极极化曲线(即考虑了电阻极化的阴极总极化曲线)的交点(如图中的 H 点)所对应的电流为腐蚀电流。E_a^0 为阳极平衡电极电位;E_c^0 为阴极平衡电极电位。

当腐蚀电流为 I' 时,阳极极化电位降 ΔE_a 为:

$$\Delta E_a = E_a' - E_a^0 = I'\tan\beta = I'P_a \tag{2-19}$$

式(2-19)中,斜率 $\tan\beta = P_a$,称为阳极极化率。

此时,阴极极化电位降 ΔE_c 为:

$$\Delta E_c = E_c' - E_c^0 = I'\tan\alpha = I'P_c \tag{2-20}$$

式(2-20)中,斜率 $\tan\alpha = P_c$,称为阴极极化率。因此有:

$$P_a = \frac{\Delta E_a}{I'}, \quad P_c = \frac{\Delta E_c}{I'}$$

电阻电位降 $E_a' - E_c'$ 为 ΔE_r:

$$\Delta E_r = I'R \tag{2-21}$$

对于原电池 $R \neq 0$ 的电池回路(图 2-30 中 AHC 线),存在阳极极化、阴极极化和电阻电位降三种电流阻力。其总电位降为 $E_c^0 - E_a^0$ 为:

$$E_c^0 - E_a^0 = I'\tan\beta + I'\tan\alpha + I'R = I'P_a + I'P_c + I'R$$

$$I' = \frac{E_c^0 - E_a^0}{P_a + P_c + R} \tag{2-22}$$

上式表明,腐蚀原电池的初始电位差($E_c^0 - E_a^0$)、系统的电阻(R)和电极的极化性能将影响腐蚀电流(I')的大小。

当 $R = 0$,即忽略了溶液的电阻电位降(一般指短路电池)时,腐蚀电流可用下式表示:

$$I_{\text{corr}} = I_{\max} = \frac{E_c^0 - E_a^0}{P_a + P_c} \qquad (2\text{-}23)$$

即阳极极化与阴极极化控制直线交于一点 B，B 点对应的电流 $I_{\max}$ 为腐蚀电流 I_{corr}，对应的电位 E_R 为腐蚀电位 E_{corr}。

2. 腐蚀控制因素

由公式(2-22)可知，腐蚀原电池的腐蚀电流大小取决于四个因素：初始电位差 $E_c^0 - E_a^0$、电阻 R、阳极极化率 P_a 和阴极极化率 P_c。

当不同的因素占主导地位时，可能有以下几种控制方式：阳极控制、阴极控制、混合控制和欧姆控制。当忽略电阻时，如果 $P_a \gg P_c$，腐蚀电流的大小将取决于 P_a 值，即取决于阳极极化性能，称为阳极控制，在这种状况下，腐蚀电位 E_{corr} 更靠近阴极电极电位，如图 2-31(a)所示；如果 $P_c \gg P_a$，为阴极控制，在这种状况下，腐蚀电位 E_{corr} 更靠近阳极电极电位，如图 2-31(b)所示；如果 $P_c = P_a$，为混合控制，腐蚀电流受两个电极极化率共同制约，如图 2-31(c)所示；当 R 值很大时，腐蚀受到电阻控制，即欧姆控制，如图 2-31(d)所示。

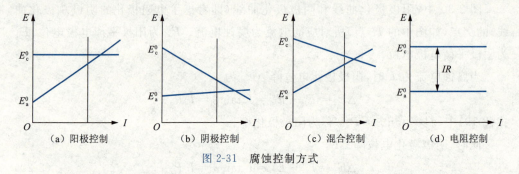

图 2-31 腐蚀控制方式

3. 腐蚀极化图的应用

通过腐蚀极化图可以分析金属在不同情况下的腐蚀速度等状况。

(1) 初始电位差对腐蚀的影响。

阴极与阳极初始电位差越大，腐蚀电流就越大，即腐蚀原电池的初始电位差是腐蚀的驱动力，如图 2-32 所示。

(2) 极化性能对腐蚀的影响。

当初始电位(E_a^0，E_c^0)一定时，电极极化率越大，则腐蚀电流越小，反之亦然，极化性能明显影响腐蚀速度，如图 2-33 所示。

(3) 过电位对腐蚀的影响。

某一极化电流密度下的电极电位与其平衡电极电位之差的绝对值称为该电极电位的过电位。

过电位越大，意味着电极过程阻力越大。过电位越大，腐蚀电流越小，这对活化腐蚀是相当重要的。

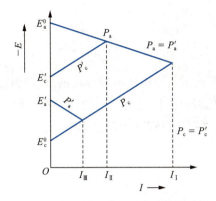

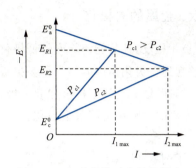

图 2-32　初始电位差对腐蚀的影响　　　图 2-33　极化性能对腐蚀的影响

实　例

在还原酸性介质中，锌、铁、铂的平衡电极电位大小顺序是 $E_{Zn} < E_{Fe} < E_{Pt}$，腐蚀趋势应当是 Pt，Fe，Zn 递增，然而由于 Zn 上的放氢过电位大于 Fe 上的放氢过电位，锌比铁反而腐蚀速度小。加铂盐于盐酸溶液中可使锌、铁的腐蚀速度加快，如图 2-34 所示。

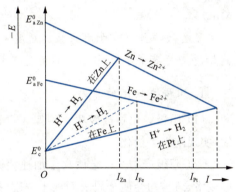

图 2-34　过电位对腐蚀的影响

（4）含氧量及络合离子对腐蚀的影响。

铜不溶于还原酸而溶于含氧酸或氧化性酸，这是由于铜的平衡电极电位（铜的氢标电位为 $+0.337$ V）高于氢的平衡电极电位，不能形成氢阴极，然而氧的平衡电极电位（氧的氢标电位为 $+1.229$ V）高于铜的平衡电极电位，可以成为铜的阴极，组成腐蚀原电池。

含氧越多，氧去极化越容易，极化率越小，腐蚀电流越大；含氧越少，则情况相反。

铜在不含氧酸中不溶解，是耐蚀的，但当溶液中含有络合离子 $Cu^{2+}(CN^-)$ 时，铜的电极电位向负方向偏移，铜就可能溶解在还原酸中，如图 2-35 所示。CN^- 和 Cu^{2+} 形成络合物，降低金属电极表

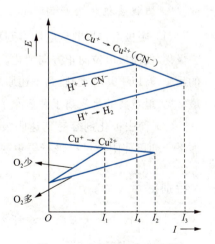

图 2-35　含氧量及络合离子
对腐蚀的影响

面的 Cu^{2+} 浓度,从而达到去极化的目的。

六、金属的去极化

与极化相反,凡是能消除或降低极化所造成的原电池阻滞作用的过程均称为去极化,能够起到去极化作用的物质称为去极化剂。去极化剂是活化剂,它起到加速腐蚀的作用。对腐蚀原电池阳极极化起去极化作用的过程称为阳极去极化;对阴极极化起去极化作用的过程称为阴极去极化。

📖 扩展阅读

金属去极化的例子随处可见。例如,在原电池中由于氧扩散缓慢造成浓差极化,可通过搅拌增加氧的扩散速度,产生去极化作用,此时氧就是一种去极化剂;又如,为使干电池在使用过程中保持其 1.5 V 恒压,不因极化而降低电压,需添加去极化剂 MnO_2。

显然,如果仅从增加耐腐蚀的角度出发,就应该尽量减少去极化剂的去极化作用。例如,在高压锅炉中加联氨,其目的是把去极化剂氧除掉,增加极化作用以提高耐蚀性。

1. 阳极去极化的原因

(1)阳极钝化膜被破坏。例如,Cl^- 能穿透钝化膜,引起钝化膜的破坏,使活化增加,实现阳极去极化。

(2)阳极产物——金属离子加速离开金属/溶液界面,或者一些物质与金属离子形成络合物,均会使金属表面离子浓度降低。由于浓度降低,加速了金属的进一步溶解,如铜及铜合金的铜氨络合离子 $[Cu(NH_3)_4]^{2+}$ 促进了铜的溶解,使腐蚀加速。由此可见,络合起到了去极化作用。

2. 阴极去极化的原因

(1)阴极上积累的负电荷得到释放。所有能在阴极上获得电子的过程都能使阴极去极化,使阴极电位向正方向变化。阴极上的还原反应是去极化反应,是消耗阴极电荷的反应,有以下几种类型:离子还原;中性分子的还原;不溶性膜(氧化物)的还原。其中,最常见、最重要的是氢离子和氧原子(或分子)的还原,通常称为氢去极化和氧去极化。

(2)使去极化剂容易到达阴极以及使阴极反应产物容易迅速离开阴极,如搅拌、加络合剂可使阴极过程进行得更快。

特别提示 ▶▶

阴极去极化作用对腐蚀影响极大,往往比阳极去极化作用更为突出。

3. 氢去极化与析(放)氢腐蚀

阴极反应为 $2H^+ + 2e \longrightarrow H_2$ 的电极过程,在金属腐蚀学中称为氢离子去极化过程,简称氢去极化。以氢离子还原反应为阴极过程的腐蚀,称为氢去极化腐蚀,即析氢腐蚀。阴极放氢是氢去极化腐蚀的标志。

氢电极的平衡电极电位对于是否发生析氢是一个重要的判断基准。发生氢去极化腐蚀的前提条件是金属的电极电位比析氢反应的电极电位更负,当金属的电极电位比析氢反应的电极电位正时,是不会发生氢去极化腐蚀的。

在阴极上放氢可能有以下情况:

在酸性介质中:$2H^+ + 2e \longrightarrow H_2$;

在中性、碱性介质中:$2H_2O + 2e \longrightarrow 2OH^- + H_2$。

可利用下述方法提高氢过电位,降低氢去极化,控制金属的腐蚀速度:

(1) 提高金属的纯度,消除或减少杂质。

(2) 加缓蚀剂,减少阴极面积,增加过电位。

(3) 增加过电位大的合金成分,如汞、锌、铂等。

(4) 降低活性阴离子成分。

4. 氧去极化与吸氧腐蚀

在中性和碱性溶液中,由于氢离子浓度较小,析氢反应的电位较负,一般金属腐蚀过程的阴极反应往往不是析氢反应,而是溶解在溶液中氧的还原反应。此时作为腐蚀去极化剂的是氧分子,故这类腐蚀称为氧去极化腐蚀,即吸氧腐蚀。

当腐蚀电解质溶液中有氧气存在时,在原电池的阴极上进行氧的离子化反应。

在中性或碱性溶液中:$O_2 + 2H_2O + 4e \longrightarrow 4OH^-$;

在弱酸性介质中:$O_2 + 4H^+ + 4e \longrightarrow 2H_2O$。

氧在阴极上吸收电子起到消减阴极极化的作用,即所谓的氧去极化作用。只有当阳极电位比氧阴极电位更负时($E_阳 < E_氧$),才可能发生氧去极化腐蚀。因为氧的平衡电极电位比氢离子要正,因此氧去极化腐蚀比氢去极化腐蚀更为普通。

实验表明,阳极面积的变化对吸氧腐蚀总电流 I 影响不大,这是因为它受阴极过程控制。而阳极面积增加却将导致单位面积上腐蚀量减少,腐蚀速度降低。当阴极面积恒定时,总的腐蚀量 $k_总$ 与阳极面积无关,而当阳极面积恒定时,阴极面积增大,将有利于氧的去极化,增加腐蚀总电流 I,加速阴极反应。因此,在宏观腐蚀原电池中,只要阴极对阳极面积比增加,阳极金属的腐蚀速度就会显著增加。从防腐的观点来看,大阴极、小阳极是最为不利的,如铁钉铆在铜板上,将使铁钉腐蚀速度加剧;相反,铜钉铆在铁板上,铁板的腐蚀很小。

信 息 岛

在实际的腐蚀问题中,阴极去极化反应绝大多数属于氢去极化和氧去极化,并起控制作用。二者的比较见表 2-5。

表 2-5　析氢与吸氧腐蚀的比较

比较项目	析氢腐蚀	吸氧腐蚀
去极化剂性质	带电氢离子,迁移速度和扩散能力都很大	中性氧分子,只能靠扩散和对流传输
去极化剂浓度	浓度大;酸性溶液中 H^+ 放电;中性或碱性溶液中的去极化反应为: $2H_2O + 2e \longrightarrow H_2 + 2OH^-$	浓度不大,其溶解度通常随温度升高和盐浓度增大而减小
阴极控制原因	主要是活化极化: $\eta_{H_2} = \dfrac{2.3RT}{\alpha nF} \lg \dfrac{i_c}{i_0}$	主要是浓度极化: $\eta_{O_2} = \dfrac{2.3RT}{nF} \lg \left(1 - \dfrac{i_c}{i_d}\right)$
阴极反应产物	以氢气泡逸出,电极表面溶液得到附加搅拌	产物 OH^-,只能靠扩散或迁移离开,无气泡逸出,得不到附加搅拌

注:i_0—交换电流密度;i_d—极限扩散电流密度。

第五节　金属的钝化

一、钝化现象

钝化主要是指某些金属或合金在特殊条件下失去化学活性的现象。金属发生钝化以后,其表面处于一种特殊状态,具有抗腐蚀性。

典型案例

把铁片放到稀硝酸中,它会剧烈地溶解,且铁的溶解速度随硝酸浓度的增加迅速增加。当硝酸浓度增加到 30%～40% 时溶解达到最大,若继续增大硝酸的浓度(＞40%),铁的溶解速度突然成倍地下降,这时即使把经浓硝酸处理过的铁片再放入稀硝酸中,其腐蚀速度也远小于未经处理的样品腐蚀速度。产生这种现象的主要原因就是铁片发生了钝化,抑制了腐蚀。法拉第铁钝化实验示意图和纯铁溶解速度与硝酸浓度(此处指质量分数)的关系曲线分别如图 2-36 和图 2-37 所示。

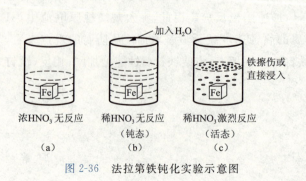

图 2-36　法拉第铁钝化实验示意图

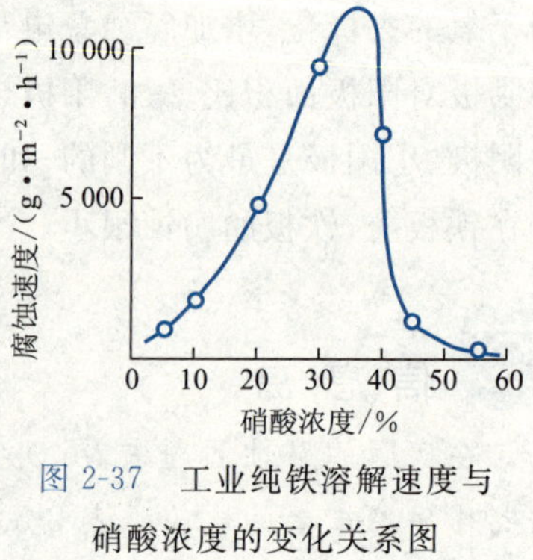

图 2-37　工业纯铁溶解速度与硝酸浓度的变化关系图

由钝化现象可以得出以下结论：

（1）金属的电极电位朝正方向移动是引起钝化的原因。

（2）钝化时，金属表面状态发生某种突然的变化，而不是金属整体性质的变化。

（3）金属发生钝化后，其腐蚀速度有较大幅度的降低，体现了钝态条件下金属具有高耐蚀性这一钝性特征。

但是要注意：

（1）钝性的增加与金属电极电位朝正方向移动这两者之间不是简单的直接联系。

（2）不能把金属的钝化简单地看作是金属腐蚀速度的降低，因为阴极极化也能使腐蚀速度降低。

（3）缓蚀剂并不都是钝化剂，使金属产生钝化的物质是钝化剂。

二、金属钝化的因素

金属钝化后，其电极电位向正方向偏移，几乎接近贵金属的电位值。引起金属钝化的因素有化学因素和电化学因素两种。

1. 化学因素引起的钝化

这种钝化一般是由强氧化剂引起的，如硝酸（HNO_3）、硝酸银（$AgNO_3$）、氯酸（$HClO_3$）、氯酸钾（$KClO_3$）、重铬酸钾（$K_2Cr_2O_7$）、高锰酸钾（K_2MnO_4）及氧气（O_2）等，这些强氧化剂也称为钝化剂。

2. 外加阳极电流引起的钝化（电化学因素引起的钝化）

金属作为阳极，电流的正极接金属，使它加速腐蚀形成钝化膜。例如，将铁置入硫酸溶液中，一般情况下铁的溶解腐蚀服从塔费尔关系。当把铁作为阳极，用外加电流使其阳极钝化，电位达到某一值后，阳极电流会突然降到很低（为原来的 $1/10^6 \sim 1/10^4$），发生钝化。

三、钝化的特性曲线

钝化的发生是金属阳极过程中的一种特殊表现，为了对钝化现象进行电化学研究，就必须研究金属阳极溶解时的特性曲线，如图 2-38 所示。

活化区（AB）：电流随电极电位升高而增大。在该段区域内，金属按正常的阳极溶解规律进行：$Me \longrightarrow Me^{n+} + ne$。

活化/钝化过渡区（BC）：当电极电位到达某一临界值 $E_{钝化}$ 时，金属的表面状态发生突变，金属开始钝化，电流急剧下降，处于不稳定状态。相应于 B 点的电位 E_c 为致钝电位，i_c 为致钝电流密度。

稳定钝化区（CD）：随着电极电位的正移，电流几乎保持不变。在这个区段内，金属表面形成了钝化膜，阻碍了金属的溶解过程。i_p 为维持稳定钝态所必需的电流密度。

过钝化区（DE）：电流再次随电极电位升高而增大。在过钝化区，金属氧化膜进一步氧化成更高价的可溶性氧化膜。

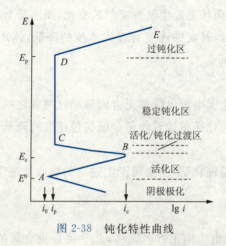

图 2-38　钝化特性曲线

四、钝化理论

金属由活态变为钝态是一个很复杂的过程，至今尚未形成一个完整的理论。目前比较能被大家接受的理论是成相膜理论和吸附膜理论。

（1）成相膜理论。

成相膜理论认为，金属在溶解过程中，表面上生成了一层致密的、覆盖性良好的固体产物，这些反应产物可作为一个独立的相（成相膜）存在，它把金属表面和溶液机械地隔离开，使金属的溶解速度大大降低，把金属转为不溶解的钝态。显然，形成成相膜的先决条件是在电极反应中有可能生成固体反应产物。因此不能形成固体产物的碱金属氧化物是不会导致钝化的。

（2）吸附膜理论。

吸附膜理论认为，引起金属钝化并不一定要形成成相膜，而只要在金属表面或部分表面上形成氧或含氧粒子的吸附层就可以了，这些粒子在金属表面上吸附后，改变了金属/溶液界面的结构。吸附膜理论认为金属的钝化是由于金属表面本身的反应能力降低，而不是膜的机械隔离作用。能使金属表面吸附而钝化的粒子有氧原子（O）、氧离子（O^{2-}）或氢氧根离子（OH^-）。

📖 **扩展阅读**

这两种钝化理论都能解释一些实验事实。它们的共同特点是都认为在金属表面生成一层极薄的膜阻碍了金属的溶解；不同点在于对成膜原因的解释。吸附膜理论认为形成单分子层厚的二维膜会导致钝化，成相膜理论认为至少要形成几个分子层厚度的三维膜才能保护金属，最初形成的吸附膜只轻微地降低了金属的溶解速度，而完全钝化要靠增厚的成相膜。

事实上,金属在钝化过程中,在不同的条件下吸附膜和成相膜可分别起主要作用。阿基莫夫认为不锈钢表面钝化是成相膜的作用,但在缝隙和孔洞处氧的吸附起保护作用。有的学者认为两种理论的差别涉及对钝化、吸附膜和成相膜的定义问题,并无本质区别。

基本可以统一的是,在金属表面直接形成第一层氧层之后,金属的溶解速度大幅度降低。这种氧层是由吸附在金属电极表面上含氧离子参加电化学反应后生成的,称为吸附氧层。这种氧层的生成与消失是可逆的。减小极化或降低钝化剂浓度,金属可以很快再度转变成活态。在这种氧层基础上,继续生成成相膜氧化物层,并进一步阻止金属的溶解。成相膜(氧化物层)的生成与消失是不可逆的,即当改变极化和介质条件后,常常具有一定的钝化性能。成相膜的这种性质与氧化膜有直接关系,所以可以认为金属钝化时,先是生成吸附膜,然后发展成为成相膜。钝化的难易主要取决于吸附膜,而钝态的维持主要取决于成相膜。

五、钝化膜的破坏

去除钝化膜的方法主要可分为化学、电化学破坏法和机械破坏法两种。

1. 化学、电化学破坏

这种方法是往溶液中添加活性阴离子,如卤素离子(Cl^-,Br^-,I^-)及氢氧根离子(OH^-)等。特别是 Cl^- 对钝化膜的破坏作用最为突出。在含氯离子的溶液中,金属铁难以存在首先应归于氯化物溶解度太大这一事实;其次氯离子半径小、活性大,常从膜结构有缺陷的地方渗进去,改变氧化物结构。

2. 机械应力引起的破坏

钝化膜的表面张力随膜的厚度增加而减小,使膜的稳定性降低。膜厚度增加,使膜的内应力增大,也可导致膜的破裂。其他外界机械碰撞也可破坏钝化膜,从而引起活化。

◆ 思考与练习 ◆

一、填空题

(1)原电池的电化学过程是由_____、_____以及_____所组成的。

(2)构成腐蚀原电池的必要条件:_____、_____、_____。

(3)电极极化的原因归结为三种:_____极化、_____极化、_____极化。

(4)表示电极电位和电流之间关系的曲线称为_____。

(5)_____、_____、_____这三种环境的改变都会导致极限扩散电流密度 i_d 增加。

(6)金属发生钝化的理论主要有_____、_____两种。

（7）双电层由_____和_____组成。

（8）恒电位法测定极化曲线又分为_____和_____两种方法。

（9）极化控制方式有_____、_____、_____和_____四种。

（10）简化 E-pH 图可以分为_____区、_____区和_____区。

二、判断题

（1）任何一种按电化学机理进行的腐蚀反应至少包含有一个阳极反应和一个阴极反应。   （　　）

（2）阳极反应、阴极反应、电流回路三个环节既相互独立，又彼此制约，其中任何一个受到抑制，都会使腐蚀原电池工作强度减少。   （　　）

（3）宏观电池的腐蚀形态是局部腐蚀，微观电池的腐蚀形态是全面腐蚀。（　　）

（4）双电层的电位跃就是电极的电极电位。   （　　）

（5）腐蚀原电池的电动势越大，腐蚀的速度就越快。   （　　）

（6）金属发生钝化后，就不会再发生腐蚀。   （　　）

（7）常见的去极化剂有氧气和氢气。   （　　）

三、简答题

（1）腐蚀原电池的定义是什么？特点是什么？

（2）简述阳极和阴极极化的原因。

（3）简述金属钝化现象，并由此可以得出哪些结论？

（4）根据 E-pH 图有哪些防腐措施？

（5）简述借助外加电流实现电极极化来测定极化曲线的两种方法的测试原理及步骤，并理解两者各自的适用范围。

（6）简单画出 Fe 的 E-pH 图并阐述其中主要部分的含义。

（7）列举几种常用的去极化剂，并简述其去极化原理。

第**3**章

腐蚀破坏形式

金属腐蚀按腐蚀形态可分为全面腐蚀和局部腐蚀两大类。

全面腐蚀(General Corrosion)通常是均匀腐蚀(Uniform Corrosion)，它是一种常见的腐蚀形态。其特征是腐蚀分布于金属整个表面，腐蚀结果是金属变薄。全面腐蚀的电化学过程特点是腐蚀电池的阴、阳极面积非常小，甚至在显微镜下也难以区分，而且微阴极和微阳极的位置变幻不定，整个金属表面在溶液中都处于活化状态。

局部腐蚀(Localized Corrosion)是相对于全面腐蚀而言的。其特点是腐蚀仅局限或集中在金属的某一特定部位，从而形成坑洼、沟槽、分层、穿孔、破裂等破坏形态。局部腐蚀时阳极和阴极一般是截然分开的。其位置可用肉眼或微观检查方法加以区分和辨别。

引起局部腐蚀的原因很多，有下列各种情况：

(1) 由异种金属接触形成的宏观电池引起的局部腐蚀，包括阴极性镀层微孔或损伤处所引起的接触腐蚀。

(2) 由同一金属上的自发微观电池引起的局部腐蚀，如晶间腐蚀、选择性腐蚀、孔蚀、石墨化腐蚀、剥蚀(层性)以及应力腐蚀断裂等。

(3) 由充气差异电池引起的局部腐蚀，如水线腐蚀、缝隙腐蚀、沉积腐蚀等。

(4) 由金属离子浓差电池引起的局部腐蚀。

(5) 由膜-孔电池或活性-钝性电池引起的局部腐蚀。

(6) 由杂散电流引起的局部腐蚀。

表 3-1 总结了全面腐蚀和局部腐蚀的主要区别。

表 3-1　全面腐蚀和局部腐蚀的比较

项　目	全面腐蚀	局部腐蚀
腐蚀形貌	腐蚀分布在整个金属表面上	腐蚀破坏集中在一定区域，其他部分不腐蚀
腐蚀原电池	阴、阳极在表面上变幻不定，阴、阳极不可辨别	阴、阳极可以分辨
电极面积	阳极面积＝阴极面积	阳极面积≪阴极面积
电　势	阳极电势＝阴极电势＝腐蚀电势	阳极电势＜阴极电势
极化图	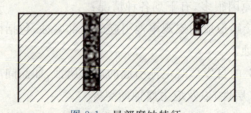	
腐蚀产物	可能对金属有保护作用	无保护作用

第一节　局部腐蚀

局部腐蚀是指由于金属表面某些部分的腐蚀速率或深度远大于其余部分的腐蚀速率或深度而导致局部区域的损坏。其特点是腐蚀仅局限或集中于金属的某一特征部位，如图 3-1 所示。局部腐蚀主要有电偶腐蚀、点蚀、缝隙腐蚀、丝状腐蚀、晶间腐蚀、选择性腐蚀、应力腐蚀和疲劳腐蚀等。

图 3-1　局部腐蚀特征

一、电偶腐蚀

当两种电极电势不同的金属相接触并放入电解质溶液中时发现电势较低的金属腐蚀速度加快，而电势较高的金属腐蚀速度减慢（得到了保护）。这种在一定条件（如电解质溶液或大气）下产生的电化学腐蚀，即由于同电极电势较高的金属接触而引起腐蚀速度增大的现象，称为电偶腐蚀（或双金属腐蚀、接触腐蚀）。

信 息 岛

青蛙解剖中的电偶腐蚀

1786 年,意大利解剖学家伽伐尼在做青蛙解剖时两手分别拿着不同的金属器械,无意中同时碰在青蛙的大腿上,青蛙腿部的肌肉立刻抽搐了一下,仿佛受到电流的刺激,但只用一种金属器械去触动青蛙时无此种反应,如图 3-2、图 3-3 所示。伽伐尼认为出现这种现象是因为动物躯体内部产生了一种电,他称之为"生物电"。伽伐尼于 1791 年将此实验结果写成论文公布于学术界。

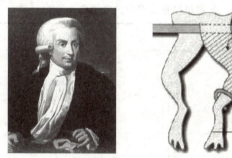

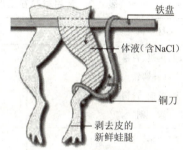

图 3-2 解剖学家伽伐尼的肖像及青蛙解剖示意图

伽伐尼的发现引起了物理学家们的极大兴趣,他们竞相重复伽伐尼的实验,企图找到一种产生电流的方法。意大利物理学家伏特在多次实验后,认为伽伐尼的"生物电"之说并不正确,青蛙的肌肉之所以能产生电流大概是肌肉中某种液体在起作用。为了论证自己的观点,伏特把两种不同的金属片浸在各种溶液中进行实验。结果发现这两种金属片中只要有一种与溶液发生了化学反应,金属片之间就能够产生电流,即所谓的产生了电偶腐蚀。

图 3-3 还原伽伐尼实验的绘画作品

伽伐尼对物理学的贡献是发现了伽伐尼电流。两个金属片连接起来,不管有没有青蛙的肌肉,都会有电流通过。这说明电并不是从青蛙的组织中产生的,蛙腿的作用只不过相当于一个非常灵敏的验电器而已。

1836 年,英国的丹尼尔对"伏特电堆"进行了改良。他使用稀硫酸作电解液,解决了电池极化问题,制造出第一个不极化、能保持平衡电流的锌-铜电池,又称"丹尼尔电池"。此后,又陆续有去极化效果更好的"本生电池"和"格罗夫电池"等问世。但是,这些电池都存在电压随使用时间延长而下降的问题。

1. 电偶腐蚀的推动力与电偶序

在前面腐蚀电化学中已提及电动序的概念。电动序即标准电势序,是由热力学公式计算得出的,它是按金属标准电极电势的高低排列成的次序表。此电势是指金属在活度为1的该金属盐溶液中的平衡电势,该电势与实际金属或合金在介质中的电势可能相差甚远。电偶腐蚀与相互接触的金属在溶液中的实际电势有关,由它构成了宏观电池。产生电偶腐蚀的动力来自两种不同金属接触的实际电势差。一般说来,两种金属的电极电势差愈大,电偶腐蚀愈严重。

实际电势是指腐蚀电势序(电偶序)中的电势。电偶序是指根据金属或合金在一定条件下测得的稳定电势(非平衡电势)的相对大小排列的次序。表3-2为常用材料在土壤中的电偶序,从近似电势值的大小可判断这些材料耦合时的阴、阳极性。

表 3-2   常用材料在土壤中的电偶序

材　料	电势(近似值)/V
碳、焦炭、石墨	+0.1
高硅铸铁	+0.1
铜、黄铜、青铜	+0.1
软　铜	+0.1
铅	−0.2
铸　铁	−0.2
生锈的软钢	+0.1~+0.2
干净的软钢	−0.5~+0.2
铝	−0.5
锌	−0.8
镁	−1.3

电偶的实际电势差是产生电偶腐蚀的必要条件,它标志着发生电偶腐蚀的热力学可能性,但它不能决定腐蚀电偶的效率,因此还需知道极化性能以及腐蚀行为等特性。

2. 电偶腐蚀机理

由电化学腐蚀动力学可知,两金属耦合后的腐蚀电流强度与电势差、极化率及电阻有关。接触电势差愈大,电偶腐蚀的推动力愈大,金属腐蚀就愈严重。电偶腐蚀速度又与电偶电流成正比,其大小可用下式表示:

$$I' = \frac{E_c^0 - E_a^0}{P_a + P_c + R} \tag{3-1}$$

式中　I'——腐蚀电流;

　　　$E_c^0 - E_a^0$——初始电位差;

　　　P_a——阳极极化率;

　　　P_c——阴极极化率;

　　　R——系统电阻。

由上式可知,电偶电流随电势差的增大和极化率、电阻的减小而增大,从而使阳极金属腐蚀速度加大,阴极金属腐蚀速度降低。

 信 息 岛

发生电偶腐蚀的几种情况:

(1) 异金属(包括导电的非金属材料,如石墨)部件的组合。

(2) 金属与其镀层。

(3) 金属与其表面的导电性非金属膜。

(4) 气流或液流带来的异金属沉积。

3. 影响电偶腐蚀的因素

除了材料因素外,影响电偶腐蚀的因素还有如下几种。

1) 面积效应

电偶腐蚀速度与阴、阳极面积比有关。阴、阳极面积的比值越大,阳极电流密度越大,金属腐蚀速度越大。图 3-4 为腐蚀速度随阴极面积 S_c 与阳极面积 S_a 之比的变化情况。由图可知,电偶腐蚀速度与阴、阳极面积比呈线性关系。

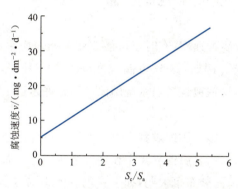

图 3-4　阴、阳极面积比与腐蚀速度的关系

通常,增加阳极面积可以降低腐蚀速度。电化学腐蚀原理表明小阳极和大阴极构成的电偶腐蚀最危险。

典型案例

在飞机结构设计中,如果钛合金板用铝合金铆钉铆接,就属于小阳极、大阴极;铝合金铆钉会迅速破坏,如图 3-5(a)所示。反之,如果用钛合金铆钉铆接铝合金板,铝合金板结构组成了大阳极、小阴极结构,尽管铝合金板受到腐蚀,如图 3-5(b)所示,但是整个结构遭到破坏的速率和危险性较前者小。由于钛合金与铝合金在电偶序中相距较远,因此飞机结构设计中即使对于小阴极(钛合金)、大阳极(铝合金)的情况也力求避免。新型飞机结构中已采用钛合金紧固件真空离子镀铝的方法,使钛、铝结构电位一致,避免了电偶腐蚀。

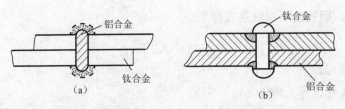

图 3-5　不同阴、阳极面积比时电偶腐蚀示意图

2）环境因素

一般情况下,在一定的环境中耐蚀性较低的金属是电偶的阳极。但有时在不同的环境中同一电偶的电势会出现逆转,从而改变材料的极性。介质的组成、温度、电解质电阻、溶液 pH 值以及搅拌等,都会对电偶腐蚀有影响。

(1)介质的组成。

同一对电偶在不同的介质中有时会出现电势逆转的情况。例如,水中锡相对于铁是阴极,而在大多数有机酸中,锡对铁来说是阳极。在食品工业中使用的内壁镀锡作为阳极性镀层来防止有机酸腐蚀,就是此缘故。

(2)温度。

温度不仅影响电偶腐蚀速率,有时还可能改变金属表面膜或腐蚀产物的结构,从而使电偶电势发生逆转。例如,锌-铁电偶,在冷水中锌是阳极,而在热水中(约 80 ℃以上)锌是阴极。因此,钢铁镀锌后热水洗的温度不允许超过 70 ℃。

(3)电解质电阻。

电解质电阻的大小会影响腐蚀过程中离子的传导过程。一般来说,在导电性低的介质中,电偶腐蚀程度轻,而且腐蚀易集中在接触边线附近。而在导电性高的介质中,电偶腐蚀严重,而且腐蚀的分布也大些,如浸在电解液中的电偶比在大气中潮湿液膜下的电偶腐蚀更加严重些。

(4)溶液 pH 值。

溶液 pH 值的变化可能会改变电解反应,也可能改变电偶金属的极性。例如,Al-Mg 合金在中性或弱酸性低浓度的氯化钠溶液中,铝是阴极,但随着镁阳极的溶解,溶液可变为碱性,电偶的极性随之发生逆转,铝变成阳极,而镁则变成阴极。

(5)搅拌。

搅拌可使氧向阴极扩散的速率加快,使阴极上氧的还原反应更快,从而加速电偶腐蚀。

此外,搅拌还能改变溶液的充气状况,有可能改变金属的表面状态,甚至是电偶的极性。例如,在充气不良的静止海水中,不锈钢处于活化状态,在不锈钢-铜电偶腐蚀中不锈钢为阳极;在充气良好的流动海水中,不锈钢处于钝化状态,在不锈钢-铜电偶腐蚀中不锈钢为阴极。

3）溶液电阻的影响

在双金属腐蚀的实例中很容易从连接处附近的局部侵蚀来识别电偶腐蚀效应。这是因为在电偶腐蚀中阳极金属的腐蚀电流分布是不均匀的,在连接处由电偶腐蚀效应所引起的加速腐蚀最大,距离接合部位越远,腐蚀也越小。此外,介质的电导率也会影响电偶腐蚀速度。例如,导电性较高的海水可以使活泼金属的受侵面扩大(扩展到离接触点较远处),从而降低侵蚀的严重性;但在软水或大气中,侵蚀集中在接触点附近,侵蚀严重,危险性大。

4. 控制电偶腐蚀的措施

两种金属或合金的电势差是电偶腐蚀效应的动力,是产生电偶腐蚀的必要条件,在实际结构设计中尽可能使相互接触金属间的电势差达最小值,如图 3-6 所示。经验认为,电势差小于 50 mV 时电偶腐蚀效应通常可以忽略不计。

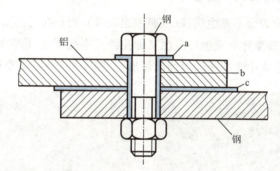

图 3-6　铝/钢螺栓连接电偶腐蚀防护

a,b,c—绝缘材料,如氯丁橡胶

采用适当的表面处理、油漆层、环氧树脂以及绝缘衬垫材料,可以预防金属或合金的电偶腐蚀。

在生产过程中不要把不同金属的零件堆放在一起,在任何情况下有色金属零件都不能和黑色金属零件堆放在一起,以免引起锈蚀。

在结构上,避免出现大阴极和小阳极的不利面积效应;隔绝或消除阴极去极化剂(如溶解 O_2 和 H^+)也是防止电偶腐蚀的有效办法,因为这些物质是腐蚀体系中进行阴极反应所不可缺少的。

 信 息 岛

黑色金属和有色金属的区别

金属分为黑色金属和有色金属两类,两者有着不同的区别。

（1）黑色金属是指铁和铁的合金,如钢、生铁、铁合金、铸铁等。钢和生铁都是以铁为基础,以碳为主要添加元素的合金统称为铁碳合金。

生铁是指把铁矿石放到高炉中冶炼而成的产品,主要用来炼钢和制造铸件。

把铸造生铁放在熔铁炉中熔炼即得到铸铁（液状），把液状铸铁浇铸成铸件，称为铸铁件。

铁合金是由铁与硅、锰、铬、钛等元素组成的合金，铁合金是炼钢的原料之一，在炼钢时作钢的脱氧剂和合金元素添加剂用。

（2）有色金属又称非铁金属，指除黑色金属外的金属和合金，如铜、锡、铅、锌、铝以及黄铜、青铜、铝合金和轴承合金等。另外在工业上还采用铬、镍、锰、钼、钴、钒、钨、钛等，这些金属主要用作合金附加物，以改善金属的性能，其中钨、钛、钼等多用于生产刀具用的硬质合金中。以上这些有色金属都称为工业用金属，此外还有贵金属（铂、金、银等）和稀有金属（包括放射性的铀、镭等）。

二、点蚀

1. 点蚀的形貌特征及产生条件

若金属的大部分表面不发生腐蚀（或腐蚀很轻微），而只在局部出现腐蚀小孔（蚀孔）并向深处发展，这种现象称为点蚀。点蚀又称孔蚀或小孔腐蚀，是常见的局部腐蚀之一，是化工生产和航海事业中常遇到的腐蚀破坏形态，图 3-7 为典型的金属点蚀图片。

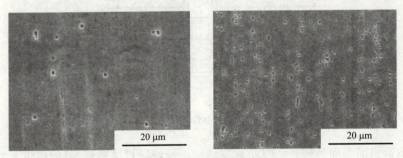

图 3-7　金属点蚀图片

蚀孔有大有小，多数情况下为小孔。一般情况下，点蚀表面直径等于或小于它的深度，只有几十微米，分散或密集分布在金属表面上，孔口多数被腐蚀产物所覆盖，点蚀的几种形貌如图 3-8 所示。蚀孔的最大深度与按失重法计算的金属平均腐蚀深度的比值称为点蚀系数，点蚀系数愈大表示点蚀愈严重。

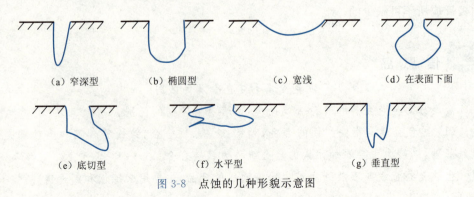

（a）窄深型　　（b）椭圆型　　（c）宽浅　　（d）在表面下面

（e）底切型　　（f）水平型　　（g）垂直型

图 3-8　点蚀的几种形貌示意图

腐蚀从起始到暴露需经历一个诱导期,诱导期的长短因材料及腐蚀条件而异。蚀孔通常沿着重力方向或横向发展,并向深处加速进行,但因外界等因素的改变,也使有些蚀孔停止发展,大气中铝的某些蚀孔就常出现这种现象。

由于钝态的局部破坏,易钝化金属点蚀现象尤为显著。既有钝化剂又有活化剂的腐蚀环境是易钝化金属产生点蚀的必要条件,而钝化膜的缺陷及活性离子的存在是引起点蚀的主要原因。此外,当金属表面镀有机械保护的阴极性镀层(如钢上镀铬、镀镍、镀锡、镀铜等)时,在镀层的孔隙处也会引起底部金属的点蚀。

发生点蚀需在某一临界电势以上,该电势称为点蚀电势(或称击穿电势)。点蚀电势随介质中氯离子浓度的增加而下降,使点蚀易于发生。

2. 点蚀的电化学特性

进行动电势阳极极化扫描时,在极化电流密度达到某个预定值后,立即自动回扫,可得到环状阳极极化曲线(图 3-9)。一些易钝化金属在大多数情况下回扫曲线会出现滞后现象。

图中 E_b 称为点蚀电势(亦称临界破裂电势或击穿电势),钝化膜开始破裂,极化电流迅速增大,开始发生点蚀。正、反向极化曲线所包络的面积,称为滞后包络面积(滞后面积);包络曲线称为滞后环;正、反向极化曲线的交点处的电势 E_p 称为保护电势或再钝化电势,即电势低于 E_p 时不会生成小蚀孔。在滞后包络面积(电

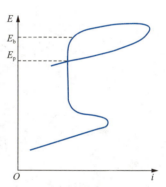

图 3-9　易钝化金属典型的环状阳极极化曲线示意图

势 E_b ~ E_p 间)中,原先已生成的小蚀孔仍能继续扩展,只有在低于电势 E_p 的钝化区,已形成的点蚀将停止发展并转入钝态。

实验表明,滞后包络面积愈大,局部腐蚀的倾向性也愈大。在现代腐蚀基础研究和工程技术中,已把点蚀电势、保护电势和滞后包络面积作为衡量点蚀敏感性的重要指标。

实验结果也表明,点蚀倾向随着电势的升高而增大,随着 pH 值的增大而减小。可见,点蚀与电势和 pH 值有着密切的关系。很多实验证明,降低溶液的 pH 值可使材料的点蚀电势显著降低,从而引起点蚀的出现。

保护电势 E_p 反映了蚀孔重新钝化的难易,是评价钝化膜是否容易修复的特征电势。E_p 愈高,愈接近 E_b 值,说明钝化膜的自修复能力愈强。实验表明,一切易钝化金属或合金都能测得滞后现象的数据。已测到钢的保护电势值为 $-400 \sim 200$ mV(vs SHE),铜的保护电势值为 $270 \sim 420$ mV(vs SHE)。

点蚀电势(E_b)也是一个判断材料抗点蚀性能的重要参数,E_b 值提高,其抗点蚀性增强。

3. 点蚀机理

点蚀可分为发生、发展两个阶段,即蚀孔的成核和蚀孔的生长过程。点蚀的产生

与腐蚀介质中活性阴离子(尤其是 Cl⁻)的存在密切相关。

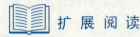扩展阅读

  金属材料表面组织和结构的不均匀性使表面钝化膜的某些部位变得较为薄弱,从而成为点蚀容易成核的部位,如晶界、夹杂、位错和异相组织等,如图 3-10 所示。点蚀成核理论有钝化膜破坏理论和吸附理论两种。

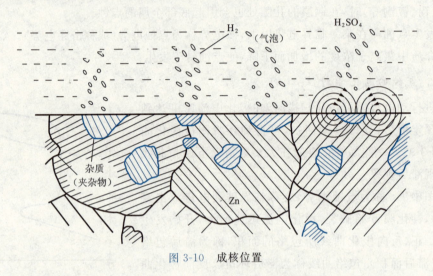

图 3-10 成核位置

  (1)钝化膜破坏理论。

  钝化膜破坏理论认为,点蚀坑是由于腐蚀性阴离子在钝化膜表面吸附,并穿过钝化膜形成可溶性化合物(如氯化物)所致。当电极阳极极化时,钝化膜中的电场强度增加,吸附在钝化膜表面上的腐蚀性阴离子(如 Cl⁻)因其离子半径较小而在电场的作用下进入钝化膜,使钝化膜局部变成了强烈的感应离子导体,钝化膜在该点上出现了高的电流密度。当钝化膜/溶液界面的电场强度达到某一临界值时,就发生了点蚀。

  (2)吸附理论。

  吸附理论认为,点蚀的发生是由活性氯离子和氧竞争吸附造成的。当金属表面上氧的吸附点被氯离子所取代后,氯离子和钝化膜中的阳离子结合形成可溶性氯化物,结果在新露出的基体金属特定点上产生小蚀坑,这些小蚀坑便称为点蚀核。在初期溶液中,金属表面吸附的是由水形成的稳定氧化物离子。一旦氯的络合离子取代稳定氧化物离子,该处吸附膜被破坏而发生点蚀。点蚀电势 E_b 是腐蚀性阴离子可以可逆地置换金属表面上吸附层时的电势。当 $E > E_b$ 时,氯离子在某些点竞争吸附强烈,该处发生点蚀。

  点蚀的发展机理也有很多学说,现较为公认的是蚀孔内发生的自催化过程。图 3-11 给出了铝材上点蚀自发进行的情况,此过程是一种自催化闭塞电池作用的结果。

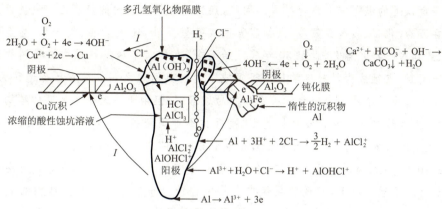

图 3-11　铝点蚀成长(发展)的电化学机理示意图

如图 3-11 所示,在蚀孔内部孔蚀不断向金属深处腐蚀,Cl^- 向孔内迁移而富集,金属离子水化使孔内溶液酸化,导致致钝电势升高,并使再钝化过程受到抑制。这是因为当点蚀一旦发生时,点蚀孔底部金属铝便发生溶解。

如果是在含氯离子的水溶液中,则阴极为吸氧反应(蚀孔外表面),孔内氧浓度下降而孔外富氧形成氧浓差电池。孔内金属离子不断增加,在孔蚀电池产生的电场作用下,蚀孔外阴离子(Cl^-)不断地向孔内迁移、富集,孔内氯离子浓度升高。同时由于孔内金属离子浓度的升高并发生水解,结果使孔内溶液氢离子浓度升高,pH 值降低,溶液酸化,相当于使蚀孔内金属处于 HCl 介质中,为活化溶解状态。水解产生的氢离子和孔内的氯离子又促使蚀孔侧壁的铝继续溶解,发生自催化反应,孔内浓盐溶液的高导电性使闭塞电池的内阻很低,腐蚀不断发展。由于孔内浓盐溶液中氧的溶解度很低,又加上扩散困难,使得闭塞电池局部供氧受到限制,阻碍了孔内金属的再钝化,使孔内金属处于活化状态。

蚀孔口形成了 $Al(OH)_3$ 腐蚀产物沉积层,阻碍了扩散和对流,使孔内溶液得不到稀释,从而造成了上述电池效应。闭塞电池的腐蚀电流使周围得到阴极保护,因而抑制了蚀孔周围的全面腐蚀。阴极反应产生的碱有利于钝态,较贵金属如铜的沉积提高了阴极的有效作用,使阴极电势保持在点蚀电势之上,而孔内电势则处在活化区。溶液中存在 $Ca(HCO_3)_2$ 的情况也是如此。这些因素阻止了蚀孔周围的全面腐蚀,但却促进了点蚀的迅速发展。碳钢和不锈钢的点蚀成长机理与铝基本类似。

📖 扩 展 阅 读

不锈钢点蚀成核机制的新认识

不锈钢的表面因形成致密的氧化铬薄膜而具有高抗腐蚀能力,得以广泛应用于现代工业领域以及日常生活中。然而,在抗均匀腐蚀的同时,不锈钢的局部点状腐蚀(即点蚀)却难以避免。点蚀的发生起始于材料表面,且经过成核与长大两个阶段,最终向材料表面以下的纵深方向迅速扩展。因此,点蚀破坏具有极大的隐蔽性和突发性。特别是在石油、化工、核电等领域,点蚀容易造成管壁穿孔,使大量油、气泄漏,甚至造成火灾、爆炸等灾难。自20世纪30年代开始至今,人类对不锈钢点蚀成核机制的探索就从未间断,点蚀成为材料科学与工程领域中的经典问题之一。尽管已普遍认为,点蚀的发生起源于不锈钢中硫化锰夹杂物的局域溶解,但由于缺乏微小尺度的结构与成分信息,点蚀最初的成核位置被描述为"随机和不可预测的"。点蚀初始位置的"不明确"一直制约着人们对不锈钢点蚀机理的认识以及抗点蚀措施的改进。

2010年,沈阳材料科学国家(联合)实验室马秀良研究员领导的团队利用高分辨率的透射电子显微技术,发现硫化锰夹杂物中弥散分布着具有八面体结构的氧化物$(MnCr_2O_4)$纳米颗粒。在模拟材料使役条件下的原位环境(外)电子显微学研究表明,这些氧化物纳米颗粒的存在相当于硫化锰中内在的微小"肿瘤"。在一定的介质条件下硫化锰的局域溶解正是起源于它与"肿瘤"之间的界面处,并由此逐步向材料体内扩展。研究还表明,氧化物纳米八面体使得硫化锰的局域溶解存在速度上的差异。在此基础上,该研究小组与英国贝尔法斯特女王大学的胡培君教授合作,确定出那些具有强的活性、易使其周围硫化锰快速溶解的氧化物纳米八面体具有以金属离子作为其外表面的特征(类"恶性肿瘤");相反,较低活性的纳米八面体则以氧离子作为其外表面(类"良性肿瘤")。这一发现为揭示不锈钢点蚀初期硫化锰溶解的起始位置提供了直接的证据,使人们对不锈钢点蚀机理的认识从先前的微米尺度提升至原子尺度,为探索提高不锈钢抗点蚀能力的新途径提供了原子尺度的结构和成分信息。这项研究成果已于2010年6月16日在 *Acta Materialia* 上在线发表。

微米尺度的氧化物夹杂物会损伤钢铁材料的机械性能早已为人们普遍关注,并已经得到了有效控制,如在冶金技术上通过减小非金属夹杂物的尺寸获得"超洁净"钢。马秀良等的研究表明,即使将氧化物的尺寸减小至纳米量级,仍可通过电化学途径损害材料结构。因此,小尺度氧化物夹杂物在传统(或新型)金属材料中的形成与作用值得关注,这将对改进在一定介质条件下长期服役的金属材料和生物医用材料的使役行为具有重要意义。

4. 影响点蚀的因素和防止措施

点蚀与金属的本性、合金的成分、组织、表面状态、介质的成分和性质、pH值、温度和流速等因素有关。金属本性对点蚀倾向有着重要的影响,具有自钝化特性的金属或合金对点蚀的敏感性较高。点蚀电势愈高,说明金属耐点蚀的稳定电势范围愈大。表3-3列出了几种常见金属在25 ℃,0.1 mol/L氯化钠水溶液中的点蚀电势。材料的点蚀电势越高,说明耐点蚀能力越强。从表中可以看出,对点蚀最为敏感的是铝,抗点蚀能力最强的是钛。对于合金钢,抗点蚀能力随含铬量的增大而提高。

表 3-3　几种常见金属在 25 ℃ ,0.1 mol/L 氯化钠水溶液中的点蚀电势 φ_0

金　属	Al	Fe	Ni	Zr	Cr	Ti	Fe-Cr (12% Cr)	Cr-Ni	Fe-Cr (30% Cr)
φ_0/V	−0.45	0.23	0.28	0.46	1.0	1.2	0.20	0.26	0.62

防止点蚀的措施,首先是材料因素(加入合适的抗点蚀合金元素,降低有害杂质),其次是改善热处理过程和环境因素的问题。环境因素中尤以卤素离子的浓度影响最大。此外,可采取提高溶液的流速、搅拌溶液、加入缓蚀剂或降低介质温度及采用阴极极化法等措施,使金属的电势低于点蚀电势。总之,对于具体的材料要用具体的防护措施。

 信 息 岛

近年来发展了很多含有高含量 Cr,Mo,及含 N、低 C(＜0.03％)的奥氏体不锈钢。双相钢和高纯铁素体不锈钢抗点蚀性能良好。Ti 和 Ti 合金具有最好的耐点蚀性能。

表 3-4 为几种不锈钢的 PRE 指数。由此可见,双相钢较奥氏体不锈钢的耐点蚀能力强。

表 3-4　几种不锈钢的 PRE 指数

	材　料	Cr	Mo	N	PRE
奥氏体不锈钢	316L(Cr17Ni12Mo2N)	17	2.2	—	24
	2RE69(Cr25Ni22Mo2N)	25	2.1	—	35
双相钢	DP12	25	3	0.2	38
	SAF2304(Cr23Ni4.5N)	23	—	0.1	25
	SAF2205(Cr22Ni5.5Mo3N)	22	3.2	0.17	35
	SAF2507(Cr25Ni7Mo4N)	25	4	0.3	43

另外,采用精炼方法除去不锈钢中的硫、碳等杂质可以提高不锈钢的耐点蚀性能。例如,瑞典 Sandvik 公司采用 AOD 工艺精炼尿素级不锈钢 2RE69,得到超低碳不锈钢。

三、缝隙腐蚀

1. 缝隙腐蚀产生的条件

由于金属表面存在异物或结构上的原因造成缝隙,缝隙一般在 0.025～0.1 mm 范围内。由于此种缝隙的存在,使缝隙内溶液中与腐蚀有关的物质(如氧或某些阻蚀性物质)迁移困难,引起缝隙内金属的腐蚀,这种现象称为缝隙腐蚀。缝隙腐蚀是一种很普遍的局部腐蚀,不论是同种还是异种金属相接触均会引起缝隙腐蚀,如铆接(图3-12)、焊接、螺纹连接等。即使金属同非金属相接触也会引起金属的缝隙腐蚀,如塑料、橡胶、玻璃、木材、石棉、织物以及各种法兰盘之间的衬垫等。金属表面的一些沉积物、附着物,如灰尘、砂粒、腐蚀产物的沉积等也会给缝隙腐蚀创造条件。几乎所有金属、所有腐蚀性介质都有可能引起金属的缝隙腐蚀。其中以依赖钝化而耐蚀的金属材料和含 Cl^- 的溶液最易发生此类腐蚀。

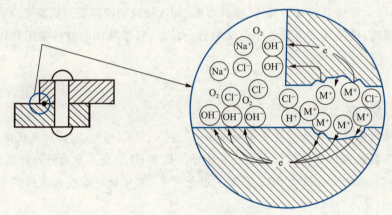

图 3-12　缝隙腐蚀示意图

2. 缝隙腐蚀机理

目前普遍为大家所接受的缝隙腐蚀机理是氧浓差电池(图 3-13a)与闭塞电池自催化效应(图 3-13b)共同作用的结果。

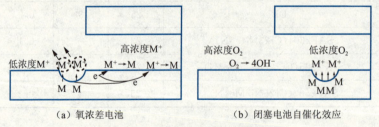

（a）氧浓差电池　　　　　　　（b）闭塞电池自催化效应

图 3-13　缝隙腐蚀机理示意图

在缝隙腐蚀初期,阳极溶解:

$$M \longrightarrow M^{n+} + n\mathrm{e}$$

阴极还原:

$$O_2 + 2H_2O + 4\mathrm{e} \longrightarrow 4OH^-$$

上述过程均匀地发生在包括缝隙内部的整个金属表面上,但缝隙内的 O_2 在初期就消耗尽了,致使缝隙内溶液中的氧靠扩散补充,氧扩散到缝隙深处很困难,从而中止了缝隙内氧的阴极还原反应,使缝隙内金属表面和缝隙外自由暴露表面之间组成宏观电池。缺乏氧的区域（缝隙内）电势较低为阳极区，氧易到达的区域（缝隙外）电势较高为阴极区。结果缝隙内金属溶解，金属阳离子不断增多，从而吸引缝隙外溶液中的负离子（如 Cl^-）移向缝隙内，以维持电荷平衡。图 3-14 为铆接金属板浸入充气海水中的缝隙腐蚀过程。

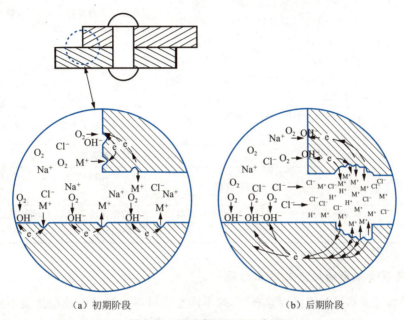

（a）初期阶段　　　　　　　　　　（b）后期阶段

图 3-14　缝隙腐蚀机理示意图

所生成的金属氯化物在水中水解成不溶的金属氢氧化物和游离酸，即 $M^+Cl^- + H_2O \longrightarrow MOH + H^+Cl^-$，结果使缝隙内 pH 值下降，最低可达 $2 \sim 3$，这样 Cl^- 和低 pH 值共同加速了缝隙腐蚀。由于缝内金属溶解速度增加，使相应缝外邻近表面的阴极极化过程（氧的还原反应）速度增加，从而保护了外部表面。缝内金属离子的进一步过剩又促使氯离子迁入缝内，形成金属盐类。水解、缝内酸度增加更加速了金属的溶解，即产生了闭塞电池自催化效应。

3. 缝隙腐蚀与点蚀的比较

缝隙腐蚀与点蚀有许多相似之处，两者在成长阶段的机理是一致的，都是以形成闭塞电池为前提。但在发生机理、发生难易程度以及发生的电势区间等方面，两者存在很大差异。点蚀是通过腐蚀过程的进行逐渐形成蚀坑（闭塞电池），而后加速腐蚀的。缝隙腐蚀是在腐蚀前就已存在缝隙，腐蚀一开始就是闭塞电池作用，而且缝隙腐蚀的闭塞程度比点蚀大。或者说，前者一般是由钝化膜的局部破坏引起的，后者是由介质的浓度差引起的。与点蚀相比，对同一种金属而言，缝隙腐蚀更易发生。

📖 扩展阅读

缝隙腐蚀与点蚀的对比如表 3-5 所示。

表 3-5 缝隙腐蚀与点蚀的区别

项　目		缝隙腐蚀	点　蚀
萌生条件不同	材　料	所有金属和合金,特别容易发生在靠钝化而耐蚀的金属及合金上	易发生在表面生成钝化膜的金属材料或表面有阴、阳极性镀层的金属上
	部　位	发生在使介质的到达受到限制的表面,不仅在金属表面非均质处萌生,而且也在次表面金属层的微观缺陷处萌生	仅在金属表面非均质处萌生,如非金属夹杂物、晶界等
	介　质	任何侵蚀性介质,酸性(如硫酸)或中性,而含氯离子的溶液容易引起缝隙腐蚀,常发生在静止溶液中	发生于有特殊离子的介质中,静止和流动溶液中均能发生
	电　势	与点蚀相比,对同一种合金而言,缝隙腐蚀更容易发生,其临界电势要低	发生在某一临界电势(点蚀电势)以上
	原　因	介质的浓度差	钝态的局部破坏
腐蚀形态不同		一般为 0.025~0.1 mm 宽的缝隙	各种形状,如半球状、不定形、开口形、闭口形等
腐蚀过程不同		腐蚀开始很快便形成闭塞电池而加速腐蚀,闭塞程度小	通过腐蚀逐渐形成闭塞电池,然后才加速腐蚀,闭塞程度较大

4. 缝隙腐蚀影响因素及防止措施

缝隙腐蚀的难易与很多因素有关,如不同金属材料耐缝隙腐蚀的性能不同,溶液中氧的含量、Cl^- 浓度、溶液 pH 值、溶液的流速和温度也不同等。缝隙腐蚀的速度和深度与缝隙大小关系密切,一般在一定限度内缝隙愈窄,愈易发生缝隙腐蚀。缝隙外部面积的大小也会影响其速度,外部面积愈大,缝内腐蚀愈严重。

图 3-15 为不锈钢在 0.5 mol/L 氯化钠水溶液中缝隙宽度与腐蚀深度和腐蚀速率的关系。图中曲线 1 代表总腐蚀速度,曲线 2 代表腐蚀深度。

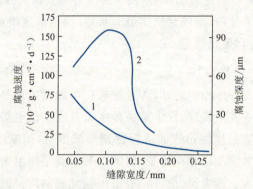

图 3-15 缝隙宽度与腐蚀深度和腐蚀速度的关系

可以看出,缝隙宽度增大,腐蚀速率降低,但在缝隙宽度为 0.10~0.12 mm 时,腐蚀深度最大,即此时缝隙腐蚀的敏感性最高。缝隙的宽度和深度主要影响闭塞电池效应。缝外面积/缝内面积增大,促进大阴极、小阳极效应,以此增大缝隙腐蚀的倾向。

在工程结构中缝隙是不可避免的,所以缝隙腐蚀也难以完全避免,防止或减少缝隙腐蚀的措施有:

(1) 合理设计,尽量减少缝隙的存在,同时选择稳定、钝性好的合金。

(2) 焊接比铆接或螺钉连接好,对焊优于搭焊。焊接时要焊透,避免产生焊孔和缝隙。搭焊的缝隙要用连续焊、钎焊或捻缝的方法将其封塞。

(3) 螺钉接合结构中可采用低硫橡胶垫片、不吸水的垫片,或在接合面上涂以环氧树脂、聚氨酯或硅橡胶密封膏,以保护连接处,或涂以有缓蚀剂的油漆。

(4) 如果缝隙难以避免,则采用阴极保护。

(5) 选用耐缝隙腐蚀的材料。

(6) 带缝隙的结构若采用缓蚀剂法防止缝隙腐蚀,要采用高浓度的缓蚀剂。

四、丝状腐蚀

丝状腐蚀是钢、铝、镁、锌等涂装金属产品上常见的一类大气腐蚀。因多数发生在漆膜下面,因此也称为膜下腐蚀。在不涂装的裸露金属表面上也有丝状腐蚀出现。虽然这种腐蚀所造成的金属损失不大,但它损害金属制品的外观,有时会以丝状腐蚀为起点,发展成缝隙腐蚀或点蚀,还可能由此而诱发应力腐蚀。

1. 丝状腐蚀特征

丝状腐蚀是一种浅型的膜下腐蚀。一旦产生便发展很快,最后形成密集的网状花纹分布于金属表面,如图 3-16 所示,使金属表面上的漆膜出现无明显损伤的隆起,失去保护膜的作用。其特征是腐蚀产物呈丝状纤维网的样子,沿着线迹所发生的腐蚀在金属上掘出了一条可觉察

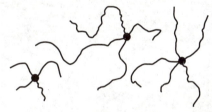

图 3-16 丝状腐蚀示意图

的小沟,深度为 $5\sim8~\mu m$,而且在小沟上每隔一段距离就有一个较深的小孔。在铁表面腐蚀产物呈红丝状,丝宽为 $0.1\sim0.5~mm$。丝状腐蚀一般由蓝色呈 "V" 字形的活性头部和非活性的棕褐色而形态如丝的身部组成。

2. 丝状腐蚀机理

丝状腐蚀是大气条件下的一种特殊缝隙腐蚀。丝状腐蚀是以引发中心(活化源)为起点开始发展的。一些漆膜破坏处、边缘棱角及较大针孔等缺陷或薄弱处往往易形成引发中心,这些引发中心随同大气中少量的腐蚀介质,如氯化钠、硫酸盐的离子和氧、水分一起产生引发或活化作用,激发丝状腐蚀点的形成。在这个以引发中心为核心的一个很小活化区域内,由于空气渗透不均形成氧浓差电池,有可能生成酸,推动丝状腐蚀向前发展。

丝状腐蚀的机理如图 3-17 所示。氧透过膜(有机涂膜、金属氧化膜等)进行扩散,特别是发生横向扩散,致使头尾之间 "V" 形界面处氧浓度最高,而头部中心氧浓度低,形成

了氧浓差电池。活性头部形成闭塞电池,金属在其身部发生阳极溶解,生成 Fe^{2+} 的浓溶液,为蓝色流体,主要初始腐蚀产物是 $Fe(OH)_2$,它含有从大气中透过漆膜渗进来的水分,并可能由金属离子水解生成酸。丝的头部 pH 值小于 1,而尾部 pH 值为 7~8.5。同时,头部周边生成的 OH^- 侵蚀界面处漆膜,使膜同金属间的结合变弱。"V"形界面处以及它后面丝的躯体和尾部则成为较大面积的阴极。由于腐蚀产物 $Fe(OH)_2$ 沉淀并进一步氧化为 $Fe(OH)_3$,组成稳定的腐蚀产物 $Fe_2O_3 \cdot H_2O$(铁锈)。这种大面积的阴极促进头部向前发展。

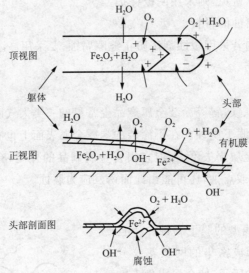

图 3-17　丝状腐蚀机理示意图

五、晶间腐蚀

1. 晶间腐蚀的形态及产生条件

晶间腐蚀是一种由微观电池作用而引起的局部破坏现象,是金属材料在特定的腐蚀介质中沿着材料晶界产生的腐蚀。这种腐蚀主要是从表面开始,沿着晶界向内部发展(图 3-18),直至成为溃疡性腐蚀,使整个金属强度几乎完全丧失。其特征是:在表面还看不出破坏时,晶粒之间已丧失了结合力、失去金属声音,严重时只要轻轻敲打就可破碎,甚至形成粉状。

晶间腐蚀的产生必须具备两个条件:① 晶界物质的物理化学状态与晶粒不同;② 特定的环境因素,如潮湿大气、电解质溶液、过热水蒸气、高温水或熔融金属等。前者实质是指晶界的行为,是产生晶间腐蚀的内因。晶界具有较大的活性,因为晶界是原子排列较为疏松而紊乱的区域。对于晶界影响并不显著(晶界只比基体稍微活泼一些)的金属来说,在使用中仍发生均匀腐蚀。但当晶界行为因某些原因而受到强烈影响时,晶界就会变得非常活泼,在实际使用中就会产生晶间腐蚀。影响晶界行为的原因大致有以下几种:

（1）合金元素贫乏化。由于晶界易析出第二相，造成晶界某成分的贫乏化。

（2）晶界析出不耐蚀的阳极相。

（3）杂质或溶质原子在晶界区偏析。

（4）首先因晶界处相邻晶粒间的晶向不同，晶界必须同时适应各方面情况，其次是晶界的能量较高，刃型位错和空位在该处的活动性较大，使之产生富集，这样就造成了晶界处远比正常晶体组织松散的过渡性组织。

（5）由于新相析出或转变，造成晶界处具有较大的内应力。

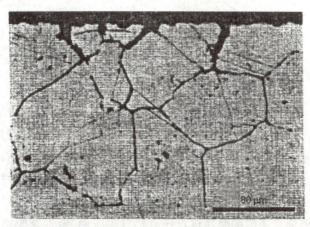

图 3-18　00Cr25Ni20Nb 钢晶间腐蚀照片

由于上述原因，晶界行为发生了显著的变化，造成晶界、晶界附近和晶粒之间在电化学上的不均匀性。一旦遇到合适的腐蚀介质，这种电化学不均匀性就会引起金属晶界和晶粒本体的不等速溶解，引起晶间腐蚀。

2. 晶间腐蚀机理

晶间腐蚀机理可以用奥氏体不锈钢的贫铬理论来解释。在含碳质量分数高于0.02%的奥氏体不锈钢中，碳与铬能生成碳化物（$Cr_{23}C_6$）。而高温淬火加热时，Cr 以固溶态溶于奥氏体中，并均匀分布，使合金各部分铬含量均满足钝化所需值，即 Cr 质量分数在 12% 以上，使合金具有良好的耐蚀性。虽然这种过饱和固溶体在室温下暂时保持这种状态，但它是不稳定的。如果加热到敏化温度范围内，碳化物就会沿晶界析出，铬便从晶粒边界的固溶体中分离出来。由于铬的扩散速度远低于碳的扩散速度，因此 Cr 不能及时从晶粒内的固溶体中扩散补充到边界，故只能消耗晶界附近的铬，造成晶界铬的贫乏区（贫铬区）。贫铬区的含铬量远低于钝化所需的极限值，其电势比晶粒内部电势低，比碳化物的电势更低。而贫铬区和碳化物紧密相连，当遇到一定腐蚀介质时就会发生短路电池效应。该情况下碳化铬和晶粒为阴极，为阳极的贫铬区被迅速侵蚀。图 3-19 和图 3-20 分别表示了敏化处理后的奥氏体不锈钢晶界处碳化物及碳和铬的浓度分布情况。

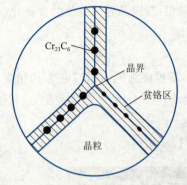

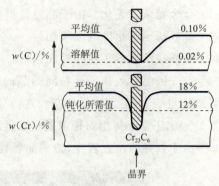

图 3-19　不锈钢敏化态晶界析出示意图　　　　图 3-20　晶界附近碳、铬分布

六、选择性腐蚀

广义上来说,所有局部腐蚀都是选择性腐蚀,即腐蚀是在合金的某些部位有选择地发生的。此处所说的选择性腐蚀是一个狭义的概念,指的是从一种固溶体合金表面除去其中某些元素或某一相,其中电位低的金属或相发生优先溶解而被破坏的现象。在二元或三元以上合金中,较贵金属为阴极,较贱金属为阳极,构成腐蚀原电池,较贵金属保持稳定或重新沉淀,而较贱金属发生溶解。比较典型的选择性腐蚀是黄铜脱锌和铸铁的石墨化腐蚀。类似的腐蚀过程还有铝青铜脱铝、磷青铜脱锡、硅青铜脱硅以及钨钴合金脱钴等。选择性腐蚀形态如图 3-21 所示。

图 3-21　选择性腐蚀形态

实　例

黄铜脱锌

黄铜中的合金元素锌用于提高合金的强度,但是当锌的质量分数超过 15% 时,选择性腐蚀脱锌就较为明显地表现出来,并且脱锌腐蚀倾向随锌含量的增大而增大。脱锌的结果使黄铜变为多孔的海绵紫铜(往往还含有质量分数为 10% 以下的铜氧化物),其机械强度显著降低。黄铜脱锌最普遍的是发生在海水中,因此黄铜脱锌成为海水热交换器中黄铜冷凝管的重要腐蚀问题。除海水环境外,在含盐的水及淡水中,或酸性环境、大气和土壤中,也会发生黄铜脱锌腐蚀。但是,如果介质的腐蚀性十分强,

铜与锌同时被溶解,则不会发生选择性腐蚀。

从腐蚀形态上看,黄铜脱锌有两种形式,即层式脱锌和栓式脱锌,如图 3-22(a)和(b)所示。层式脱锌的特点是在酸性介质中腐蚀发生在合金表面,表现为均匀性层状脱锌,使得表层形成疏松的软铜组织,多发生于锌含量高的合金中;栓式(或塞状)脱锌的特点是在中性、碱性或弱酸性介质中腐蚀沿着局部区域向深处发展,构件呈针孔状腐蚀特征,局部腐蚀速率可达每年 5 mm,而针孔周围的区域却没有明显的腐蚀迹象,使得栓塞区形成软铜组织,多发生于锌含量低的合金中,易导致黄铜管穿孔或引起突发性脆性断裂。

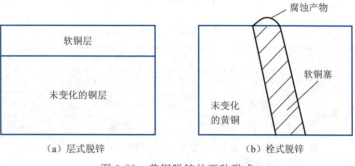

图 3-22　黄铜脱锌的两种形式

脱锌与黄铜的其他腐蚀形式有密切关系,如脱锌能够促进黄铜应力腐蚀裂纹的萌生与扩展,成为诱发黄铜应力腐蚀开裂的主要因素之一。

七、应力腐蚀

由残余或外加应力导致的应变和腐蚀联合作用所产生的材料破坏形式称为应力腐蚀。

1. 应力腐蚀开裂(SCC)定义

金属在应力与化学介质协同作用下引起的开裂(或断裂)现象,叫作金属应力腐蚀开裂(或断裂),如图 3-23 所示。它随应力状态不同呈不同的腐蚀破坏形态。如在交变应力作用下发生的腐蚀破坏称为腐蚀疲劳;在冲击性外力作用下的腐蚀称为冲蚀或空泡腐蚀;与其他物体相对运动产生的腐蚀破坏有磨蚀、磨耗腐蚀等;由氢引起的开裂、韧性下降或各种损伤现象,叫作氢致开裂。

2. 应力腐蚀开裂特征

应力腐蚀开裂(断裂)的主要特征是必须有静应力,特别是有拉伸应力分量的存在。拉应力愈大,则开裂时间愈短。开裂所需的应力,一般都低于材料的屈服强度。腐蚀介质是特定的,只有某些金属-介质组合(表 3-6)才会发生应力腐蚀开裂。

图 3-23 应力腐蚀开裂形貌

表 3-6 发生 SCC 的金属-介质体系

合　金	化学介质	合　金	化学介质
铝合金	氯化物、潮湿的工业大气、海洋大气	高强度低合金钢	氯化物
铜合金	铵离子、氨	不锈钢	沸腾的氯化物
镍合金	热浓氢氧化物、氯氟酸蒸气	奥氏体不锈钢	沸腾的氯化物
低碳钢	沸腾的氢氧化物、沸腾的硝酸盐、煤干馏的产物	铁素体和马氏体不锈钢	连多硫酸、氯化物、反应堆冷却水
石油用钢	硫化氢、二氧化碳	马氏体时效钢	氯化物
		钛合金	氢化物、甲醇

3. 应力腐蚀机理

应力腐蚀机理有许多模型,按照腐蚀过程可划分为阳极溶解型和氢致开裂型两大类。

1) 阳极溶解

阳极溶解是 SCC 的控制过程。该理论中,应力破坏保护膜起重要作用,在膜破裂处形成局部阳极区。阳极溶解型机理包括以下几种:

(1) 活性通路——电化学理论。

该理论指出,在合金中存在一条易于腐蚀的大致连续的活性通路。活性通路可能由合金成分和微结构的差异引起,如多相合金和晶界的析出物等。在电化学环境中,此通路为阳极,电化学反应沿着这条通道进行。许多实例都证明了活性通路的存在。

(2) 表面膜破裂——金属溶解理论。

该理论是由电化学理论衍生的一支流派,只不过它着重解释膜破裂对于合金表面裂缝起源后扩展的作用。该理论认为,裂纹尖端由于连续的塑性变形使表面膜破裂,得到的裸露金属形成了一个非常小的阳极区,在腐蚀介质中发生溶解,金属的其他部位,特别是裂纹的两侧作为阴极。在腐蚀介质和拉应力的共同作用下,合金局部区域表面膜反复破裂和形成,最终导致应力腐蚀裂纹的产生。在这一过程中,裂纹尖端再钝化速度很重要,只有膜的修复速度在一定范围内时才能产生应力腐蚀开裂。该理论能够说明钝化体系 SCC 的原因,但不能解释有些非钝化体系也能产生 SCC 的原因。

 信 息 岛

表面膜破裂——金属溶解理论根据膜破裂的细节不同,有以下机理:滑移-溶解机理、蠕变膜破裂机理和隧道腐蚀机理。

(1) 滑移溶解模型。该理论强调应力导致位错滑移,使表面膜破裂。该模型可以成功地解释诸如应力腐蚀的穿晶扩展、开裂敏感性与应变速率的关系等,但在解释断裂面对晶体学取向方面遇到了困难。另外,它还不能解释合金与特定化学物质组合产生 SCC 这一事实。图 3-24 为滑移-溶解机制模型示意图。图 3-24(a)表示膜没有发生破裂的情况,此时应力小,氧化膜完整。若膜较完整,即使外加应力增大,也只能造成位错在滑移面上塞积,不会暴露基体金属,如图 3-24(b)所示。当外力达到一定程度时,位错开动后膜破裂。膜厚 t 与滑移台阶 h 的相对大小也很重要,当 $h \geqslant t$ 时,容易暴露新鲜的基体金属,如图 3-24(c)所示。基体金属与介质相接触后,阳极快速溶解,当阳极溶解遇到障碍时溶解停止,则会形成"隧洞",如图 3-24(d)所示。例如,氧的吸附、活性离子的转换会形成薄的钝化膜等,这些表面膜的形成可使溶解区重新进入钝态。此时位错停止移动,即位错停止沿滑移面滑移,造成位错重新开始塞积,如图3-24(e)所示。在应力或者

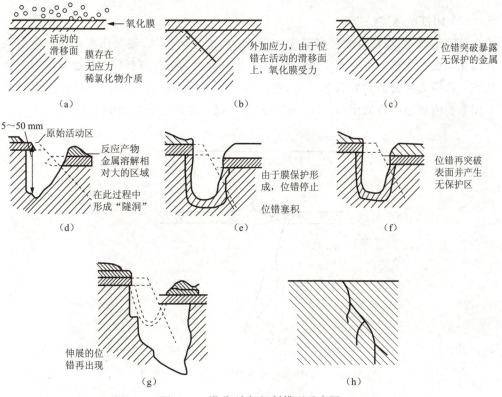

图 3-24 滑移-溶解机制模型示意图

活性离子的作用下,位错再次开动,表面钝化膜破裂,又开始形成无膜区(图 3-24f),接着暴露金属又发生快速溶解(图 3-24g)。重复上述步骤,直至产生穿晶应力腐蚀开裂(图 3-24h)。这种钝化膜理论对铜合金在氨溶液中的应力腐蚀较适宜。SCC 速率基本上受表面膜生长速率控制。

(2) 蠕变膜破裂模型。它与滑移模型大体相似,差别在于破裂细节不同。它认为膜破裂不是滑移台阶造成的,而是宏观蠕变的综合效应。它只能解释 SCC 的宏观现象,对于微观现象却无法解释。

(3) 隧道腐蚀模型。它强调膜破裂后的孔蚀过程。此模型认为,在平面排列的位错露头处或新形成的滑移台阶处,处于高应变的金属择优腐蚀,这种腐蚀沿位错线向纵深发展,形成隧洞,在应力的作用下,隧洞之间的金属发生撕裂。当机械撕裂停止后,又重新开始隧道腐蚀。这个过程的反复发生导致了裂纹的不断扩展,直到金属不能承受载荷而发生过载断裂,如图 3-25 所示。有迹象表明,隧道腐蚀并不是 SCC 发生的必要条件,只是一种伴生现象。所以,该模型虽然有一定的实验基础,但不是 SCC 机理的主流。

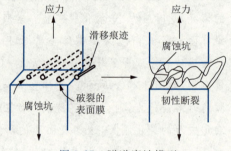

图 3-25　隧道腐蚀模型

(3) 闭塞电池腐蚀理论。

该理论认为,在设备的某些部位上存在特殊的几何形状,使被闭塞在空腔内腐蚀液的化学成分与整体溶液产生很大差别,导致空腔内的电位降低成为阳极而溶解产生蚀坑。在应力和腐蚀的联合作用下,蚀坑可以扩展为裂纹(图 3-26)。但该理论忽视了闭塞腔内腐蚀产物的作用。固体腐蚀产物的锲入作用也是应力的来源之一。

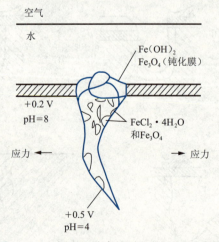

图 3-26　由闭塞电池腐蚀引起的 SCC 示意图

📖 扩 展 阅 读

阳极溶解新机理

近年来,人们从微观角度提出了一系列新机理:

(1) 应力集中提高表面原子活性。该理论认为晶体受拉力时,空位浓度增加,当空位运动到裂尖并代替裂尖的一个原子时,裂纹就会前进一个原子距离而扩展。不过这个机理对 SCC 断口的韧脆转变无法解释,也不能解释 SCC 特定晶面的形核和扩展。

(2) 膜或疏松层导致解理应力腐蚀。该理论认为膜的存在使位错阻力增大,从而使位错发射困难,当膜厚使得发射位错的临界应力强度因子大于材料的断裂韧性时,裂纹解理扩展以前并不发射位错,因此应力腐蚀时由于膜的存在导致材料由韧断变为脆断。

(3) 溶解促进局部塑性变形导致 SCC。

① Jones 理论。该理论认为,裂尖高的应力集中使表面膜破裂,合金暴露在介质中,介质中的离子吸附阻碍合金表面再钝化,使金属溶解。溶解产生过饱和空位,它们结合成双空位向合金内部迁移时会使位错攀移,促进局部塑性变形和松弛表层应变强化,降低断裂应力。

② Kanfman 理论。该理论认为,溶解使已钝化的裂纹变尖,而裂纹越尖锐,应力集中程度越高,高的应力集中导致局部应变增大,加速了阳极溶解,促进局部塑性变形,使应变进一步集中。这种溶解和应力集中的协同作用会导致小范围内的韧断,在小范围内的溶解和形变韧断联合作用下导致宏观裂纹扩展。

③ Magnin 理论。滑移使裂尖钝化膜局部破裂,使得新鲜的金属发生局部的阳极溶解。同时腐蚀溶液中的活性离子阻碍金属的再钝化,促进溶解的进行。裂尖的局部溶解形成滑移台阶,从而导致应力集中。裂尖原子的溶解有利于位错发射,增加了裂尖附近的局部塑性变形。当位错发射到一定程度时,就会在裂纹前端塞积起来。塞积的位错使局部应力升高,当达到临界值时,裂纹就在此处形核。

2) 氢致开裂

若阴极反应的析氢进入金属后,对 SCC 起了决定性或主要作用,则叫作氢致开裂。

阳极溶解和氢致开裂二者之间的关系如图 3-27 所示。一般认为,黄铜的氨脆和奥氏体不锈钢的氯脆属于阳极溶解型;H_2S 引起高强度钢的开裂属于氢致开裂型。

4. 氢损伤

对于工程上发生的应力腐蚀现象,阴极溶解和氢致开裂两种机理都存在,且有时是共存的。氢以

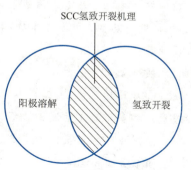

图 3-27　阳极溶解和氢致开裂
二者之间的关系图

原子的形式渗透到管道钢的内部,对材料造成的各种损失可分为四种不同类型:① 氢鼓泡;② 氢脆;③ 脱碳;④ 氢蚀。氢鼓泡是由于氢进入金属内部而产生的,导致金属局部变形,甚至完全破坏,如图 3-28 所示。氢脆也是由于氢进入金属内部引起的,导致金属韧性和抗拉强度下降。脱碳,即从钢中脱出碳,常常是由于高温氢蚀所引起的,导致钢的抗拉强度下降。氢蚀是由于高温下合金中的组分与氢的反应而引起的。

图 3-28　氢鼓泡形态

典型案例

实例 1:

某化工厂生产氯化钾的车间,一台 SS-800 型三足式离心机转鼓突然发生断裂,转鼓材质为 1Cr18Ni9Ti,经鉴定为应力腐蚀破裂。

事故分析:

在氯化钾生产中选用 1Cr18Ni9Ti 这种奥氏体不锈钢转鼓是不当的。氯化钾溶液是通过离心机转鼓过滤的。氯化钾浓度为 28°Bé(波美度),氯离子浓度远远超过了发生应力腐蚀破裂所需的临界氯离子的浓度;溶液 pH 值在中性范围内,加之设备间断运行,溶液与空气中的氧气能充分接触,这就为奥氏体不锈钢发生应力腐蚀破裂提供了特定的氯化物环境。

保护措施:

停用期间使转鼓完全浸于水中,与空气隔离;定期冲洗去掉转鼓表面氯化物等,尽量减轻发生应力破裂的环境条件,以延长使用寿命。不过,这种转鼓断裂飞出恶性事故的发生可能有一定的偶然性,但普通的奥氏体不锈钢用于这种高浓度氯化物环境中,即使不发生这种恶性事故,其使用寿命也不长,因为除应力腐蚀外还有孔蚀、缝隙腐蚀等。

实例 2:

CO_2 压缩机一段、二段和三段中间冷却器为 304L(00Cr19Ni10)型不锈钢制造,投产一年多相继发生泄漏。经检查,裂纹主要发生在高温端水侧管子与管板连接部位。所用冷却水含氯化物质量分数为 0.002% ~ 0.004%。

事故分析:

虽然考虑到奥氏体不锈钢在氯化物溶液中会发生 SCC,将冷却水中氯化物含量控制得很低,但仍然发生了 SCC 破坏,这到底是什么原因?

　　设备为热交换器,结构为管壳式。工艺介质走管程,水走壳程,进行热交换。因此,不锈钢管子外面接触的介质都是水而不是氯化物溶液。水中所含氯化物只是一种杂质,其含量很低,应该不会发生 SCC 的。问题的主要原因是氯化物发生了浓缩富集效应。对管壳式热交换器来说,当壳程走水时,氯化物浓缩主要部位是高温端管子与管板连接部位,即管头。氯化物浓缩原因是缝隙和汽化。缝隙:管与管板连接形成的缝隙区,由于闭塞条件使物质迁移困难,容易形成盐垢,造成氯离子浓度增高;汽化:高温端冷却水强烈汽化,在缝隙区形成水垢使氯化物浓缩,立式换热器尤为严重。

防护措施:

(1) 改进管与管板的连接结构,消除缝隙。

(2) 改进立式换热器的结构,提高壳程水位,使管束完全被水浸没。

(3) 管板采用不锈钢-碳钢复合板,以碳钢为牺牲阳极。

八、腐蚀疲劳

　　腐蚀疲劳是材料或构件在交变应力与腐蚀环境的共同作用下产生的脆性断裂。腐蚀疲劳比单纯交变应力造成的破坏(即疲劳)或单纯腐蚀造成的破坏严重得多,而且有时腐蚀环境不需要有明显的侵蚀性。腐蚀疲劳是金属材料在交变应力和腐蚀环境联合作用下的材料损伤和破坏过程,断口形态如图 3-29 所示。严格地说,实际工程中遇到的大多数疲劳破坏都属于腐蚀疲劳,不受环境影响的所谓纯疲劳只有可能出现在真空条件下。研究表明,即使干燥、纯净空气,也会导致疲劳强度的降低和疲劳裂纹扩展速度的加快,只不过大气的这种影响比其他强腐蚀环境小得多。

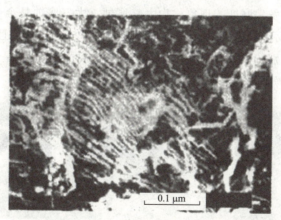

0.1 μm

图 3-29　腐蚀疲劳断口形态

　　腐蚀疲劳是工程实际中各种承受循环载荷的构件所面临的严重问题。例如,海洋结构、石油化工设备、飞机结构等常因循环载荷和腐蚀环境的联合作用而产生腐蚀疲劳破坏,造成灾难性的事故。

1980年3月27日,亚历山大·基尔兰号钻井平台在北海大埃科霏斯克油田作业,在八级大风掀起的高达6~8 m海浪的反复冲击下,五根桩腿中的一根桩腿因六根撑管先后断裂而发生剪切开裂,10 105 t的平台在25 min内倾翻,123人遇难,其事故原因就是腐蚀疲劳断裂。

除了以上列举的腐蚀类型外,在管道系统中管道的急转弯处或泵等设备的流速急剧变化的部位可能形成湍流,导致湍流腐蚀;或由于流体中颗粒、气泡等的冲击,对金属表面造成冲击腐蚀。这些都是流体在流动的过程中机械破坏与电化学腐蚀共同作用的结果,也是工程上常见的局部腐蚀现象。

第二节　环境腐蚀性

自然环境包括大气、水(本节指海水)、土壤等。油气管道均是在自然环境中使用的,受自然环境腐蚀的情况最为普遍,造成的经济损失和社会影响也最大。油气管道在运行过程中,由于所接触的介质不同,金属在其中的腐蚀规律不同,采取的防腐蚀措施也不一样。因此,认识和掌握金属管道在自然环境中的腐蚀行为、规律和机理,对于合理地控制油气管道的腐蚀,延长其使用寿命,确保安全生产,降低经济损失具有十分重要的意义。

一、大气腐蚀

金属在大气中发生腐蚀的现象称为大气腐蚀。大气腐蚀是金属腐蚀中最普遍的一种,如图3-30所示。大气腐蚀的速度随地理位置、季节而异,并且不同的大气环境,腐蚀程度有明显差别。大气腐蚀基本上属于电化学腐蚀范畴,它是一种液膜下的电化学腐蚀,和浸在电解质溶液内的腐蚀有所不同。

图3-30　暴露于大气中的金属的腐蚀

1. 大气腐蚀类型

从腐蚀条件看,大气的主要成分是水和氧,而大气中的水汽是决定大气腐蚀速度和历程的主要因素。根据腐蚀金属表面的潮湿程度可把大气腐蚀分为干的大气腐蚀、潮的大气腐蚀和湿的大气腐蚀三种类型。

（1）干的大气腐蚀。

干的大气腐蚀也叫干氧化或低湿度下的腐蚀，即金属表面基本上没有水膜存在时的大气腐蚀。这种腐蚀属于化学腐蚀中的常温氧化，如室温下铜、银这些金属表面变得晦暗，出现失泽。

（2）潮的大气腐蚀。

潮的大气腐蚀是相对湿度在 100% 以下，金属在肉眼不可见的薄水膜下进行的一种腐蚀。这种水膜是由于毛细管作用、吸附作用或化学凝聚作用而在金属表面上形成的，如铁在没有被雨雪淋到时的生锈。

（3）湿的大气腐蚀。

水分在金属表面上凝聚成肉眼可见的液膜层时的大气腐蚀称为湿的大气腐蚀。当空气相对湿度接近 100% 或水分（雨、飞沫等）直接落在金属表面上时，就发生这种腐蚀。

潮的和湿的大气腐蚀都属于电化学腐蚀。由于表面液膜层厚度不同，它们的腐蚀速度也不相同，如图 3-31 所示。图中 Ⅰ 区为金属表面上有几个分子层厚的吸附水膜，没有形成连续的电解液，相当于"干氧化"状态。Ⅱ 区对应于"潮的大气腐蚀"状态，由于电解液膜（几十个或几百个水分子层厚）的形成，开始了电化学腐蚀过程，腐蚀速度急剧增加。Ⅲ 区为可见的液膜层（厚度为几十至几百微米），属于"湿的大气腐蚀"。随着液膜厚度的进一步增加，氧的扩散变得困难，因而腐蚀速度也相应降低。Ⅳ 区为液膜更厚的情况，与浸泡在液体中类似。

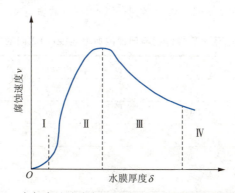

图 3-31　大气腐蚀速度与金属表面上水膜厚度之间的关系
Ⅰ—$\delta=1\sim10$ nm；Ⅱ—$\delta=10$ nm~1 μm；Ⅲ—$\delta=1$ μm~1 mm；Ⅳ—$\delta>1$ mm

2. 大气腐蚀过程和机理

一般常见的大气腐蚀以"潮的"和"湿的"为主。在潮湿的大气中，金属的表面会吸附一层很薄的看不见的湿气层（水膜），当这层水膜达到 20～30 个分子层厚时，就变成电化学腐蚀所必需的电解液膜。所以在湿和潮的大气条件下，金属的大气腐蚀过程具有电化学本质。这种电化学腐蚀过程是在极薄的液膜下进行的，是电化学腐蚀的一种特殊形式。这种液膜是由于水分(雨、雪等)直接沉降,或者是大气湿度或气温的变动及其他种种原因引起的凝聚作用而形成的。如果金属表面仅仅存在着纯水膜,则还不足以促成强烈腐蚀,因为纯水的导电性较差。实际上金属发生强烈的大气腐蚀往往是由于薄层水膜中含有水溶性盐类以及腐蚀性气体引起的。

1) 金属表面上水膜的形成

水汽膜是不可见液膜,其厚度为2~40个水分子层。当水汽达到饱和时,在金属表面上会发生凝结现象,使金属表面形成一层更厚的水层,此层称为湿膜。湿膜是可见液膜,其厚度约为1~1 000 μm。

(1) 水汽膜的形成。

在大气相对湿度小于100%而温度高于露点时,金属表面上也会有水的凝聚。水汽膜的形成主要有如下三种原因:

① 毛细凝聚。

从表面的物理化学过程可知,气相中的饱和蒸汽压与同它相平衡的液面曲率半径有关。液面的曲率半径(r)越小,饱和蒸汽压越小,水蒸气越易凝聚。这就说明,当平液面上的水蒸气还未饱和时,水蒸气就可优先在凹形的弯液面上凝聚。氧化膜、零件之间缝隙,腐蚀产物、镀层中的孔隙,材料的裂缝及落在金属表面上的灰尘和碳粒下的缝隙等,都会形成毛细凝聚。

 信 息 岛

饱和水蒸气压力(p_1)与凹面的曲率半径(r)之间的关系(15 ℃)见表3-7。

表 3-7　饱和水蒸气压力(p_1)与凹面的曲率半径(r)之间的关系(15 ℃)

r/cm	p_1/($\times$133.3 Pa)	p_1/p_0	相对湿度/%
∞	12.7	1.000	1
69.4×10^{-7}	12.5	0.985	98
11.1×10^{-7}	11.5	0.906	91
2.1×10^{-7}	7.5	0.590	59
1.2×10^{-7}	5.0	0.390	39

注:15 ℃时纯水的蒸汽压力 $p_0=12.790\times133.3$ Pa。

② 吸附凝聚。

在相对湿度低于100%而未发生纯粹的物理凝聚之前,由于固体表面对水分子的吸附作用也能形成薄的水分子层。吸附的水分子层数随相对湿度的增加而增加,并与金属的性质及表面状态有关。

③ 化学凝聚。

当物质吸附了水分,并与之发生了化学作用,这时水在这种物质上的凝聚叫作化学凝聚。

 信 息 岛

盐溶液上的水蒸气压力低于纯水的蒸汽压力。各种盐的饱和水溶液上的平衡水蒸气压力(20 ℃)见表 3-8。

表 3-8　各种盐的饱和水溶液上的平衡水蒸气压力(20 ℃)

盐	水蒸气压力 $p/(\times 133.3\ Pa)$	液面上封闭空气相对湿度$(p/p_0)/\%$
氯化锌(ZnCl₂)	1.75	10
氯化钙(CaCl₂)	6.15	35
硝酸锌[Zn(NO₃)₂]	7.36	42
硝酸铵(NH₄NO₃)	11.7 小	67
硝酸钠(NaNO₃)	13.53	77
氯化钠(NaCl)	13.63	78
氯化铵(NH₄Cl)	13.92	79
硫酸钠(Na₂SO₄)	14.20	81
硫酸铵[(NH₄)₂SO₄]	14.22	81
氯化钾(KCl)	15.04	86
硫酸镉(CdSO₄)	15.65	89
硫酸锌(ZnSO₄)	15.93	91
硝酸钾(KNO₃)	16.26	93
硫酸钾(K₂SO₄)	17.30	99

注：20 ℃时纯水的蒸汽压力 $p_0=17.535\times 133.3\ Pa$。

（2）湿膜的形成。

金属暴露在室外，其表面容易形成约 1～1 000 μm 厚的可见水膜称为饱和凝结现象又称为凝露，它也是非常普遍的。图 3-32 给出了能够引起凝露的相对湿度、温度差及空气温度间的关系。由图可知，在空气温度为 5～50 ℃ 的范围内，当气温剧烈变化 6 ℃ 左右时，只要相对湿度达到 65％～75％ 就可引起凝露现象。温差越大引起凝露的相对湿度也就越低。

2）大气腐蚀的电化学特征

大气腐蚀的速度与电极极化过程的特征随着大气条件的不同而变化。在湿的（可见水膜下或水强烈润湿的腐蚀产物下）大气腐蚀时，腐蚀速度主要由阴极控制。但这种阴极控制程度已比全浸时减弱，并且随着电解液液膜的减薄，阴极去极化过程变得越来越容易进行。在潮的大气腐蚀时，腐蚀速度则被阳极控制，并且随着液膜的减薄，阳极去极化过程变得困难，这种情况也会使欧姆电阻显著增大。有的腐蚀过程同时受阴、阳两极混合控制,但对于宏观电池接触腐蚀来讲,多半为欧姆电阻控制。

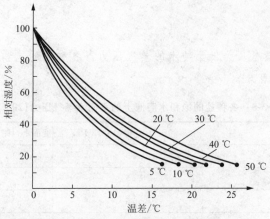

图 3-32　凝露与相对湿度、温差间的关系

3）大气腐蚀机理

大气腐蚀开始时受薄而致密的氧化膜性质的影响,一旦金属处于"湿态",即当金属表面形成连续的电解液膜时,就开始以氧去极化为主的电化学腐蚀过程。在薄锈层下,氧的去极化在大气腐蚀中起着重要的作用。

一般说来,长期暴露在大气中的钢,随着锈层厚度的增加,锈层电阻增大,氧的渗入变得更困难,使锈层的阴极去极化作用减弱,从而降低了大气腐蚀速度。此外,附着性好的锈层内层,由于活性阳极面积的减小,阳极极化增大,也可使腐蚀减慢。

大气腐蚀机理与大气的污染物密切相关。例如,SO_2 能加快金属的腐蚀速度,主要是由于在吸附水膜下减小了阳极的钝化作用。

3. **影响大气腐蚀的主要因素**

影响大气腐蚀的因素比较复杂,随气候、地区不同,大气的成分、湿度、温度等有很大的差别。在大气的主要成分中,对大气腐蚀有较大影响的是氧、水蒸气和二氧化碳。对大气腐蚀有强烈促进作用的微量杂质有 SO_2,H_2S,NH_3 和 NO_2 以及各种悬浮颗粒和灰尘。农村大气的腐蚀性最小,严重污染且潮湿的工业大气腐蚀性最强。影响大气腐蚀的主要因素有:

(1) 大气相对湿度的影响。

通常用 1 m^3 空气中所含水蒸气的质量(单位 g)来表示潮湿程度,称为绝对湿度。用某一温度下空气中水蒸气量和饱和水蒸气量的百分比来表示相对湿度(RH)。降低温度或增大空气中的水蒸气量都会使空气达到露点(凝结出水分的温度),此时金属上开始有小液滴沉积。

湿度的波动和大气尘埃中的吸湿性杂质均容易引起水分冷凝,在含有不同数量污染物的大气中,金属都有一个临界相对湿度,超过这一临界值腐蚀速度会突然猛增。大气腐蚀临界相对湿度与金属种类、金属表面状态以及环境气氛有关,通常金属的临界相对湿度在 70% 左右,而在某些情况下如含有大量的工业气体,或对于易于吸湿的盐类、腐蚀产物、灰尘等,临界相对湿度要低得多。此外,金属表面变粗、裂缝和小孔增多,也会使其临界相对湿度降低。

(2) 温度和温差的影响。

空气的温度和温差对大气腐蚀速度有一定的影响,而且温差比温度的影响更大。因为它不但影响水汽的凝聚,而且影响凝聚水膜中气体和盐类的溶解度。

(3) 酸、碱、盐的影响。

介质酸、碱性的改变能显著影响去极化剂(如 H^+)的含量及金属表面膜的稳定性,从而影响腐蚀速度的大小。金属在盐溶液中的腐蚀速度还与阴离子的特性有关,特别是氯离子,因其对金属 Fe,Al 等表面的氧化膜有破坏作用,并能增加液膜的导电性,因此可增加腐蚀速度或产生点蚀。

(4) 腐蚀性气体的影响。

工业大气中含有大量的腐蚀性气体,如 SO_2,H_2S,NH_3,Cl_2,HCl 等。在这些污染杂质中,SO_2 对金属腐蚀危害最大。石油、煤燃烧的废气中都含有大量的 SO_2,冬季由于用煤比夏季多,SO_2 的污染更为严重,所以对腐蚀的影响也极严重。如铁、锌等金属在 SO_2 气氛中生成易溶的硫酸盐化合物,它们的腐蚀速率和 SO_2 含量呈直线关系,如图3-33 所示。

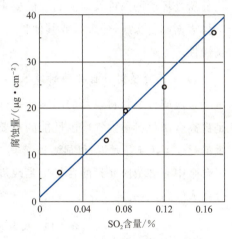

图 3-33　SO_2 含量与腐蚀速率的关系

 信 息 岛

大气中有害物质的典型质量浓度见表 3-9。

表 3-9　大气中有害物质的典型质量浓度

杂　质	典型质量浓度/$(\mu g \cdot m^{-3})$
SO_2	工业区:冬季 350,夏季 100;乡村区:冬季 100,夏季 40
SO_3	约为 SO_2 含量的 1%
H_2S	工业区:1.5~90;城市区:0.5~1.7;乡村区:春季 0.15~0.43
NH_3	工业区:4.8;乡村区:2.1
氯化物(空气样品)	工业内地:冬季 8.2,夏季 2.7;海滨乡村:年平均 5.4
氯化物(降雨样品)	工业内地:冬季 7.9,夏季 5.3;海滨乡村:冬季 57,夏季 18
烟　粒	工业区:冬季 250,夏季 100;乡村区:冬季 60,夏季 15

（5）固体颗粒、表面状态等因素的影响。

空气中含有大量的固体颗粒，它们落在金属表面上会促使金属生锈。当空气中各种灰尘和二氧化硫与水共同作用时，会加速腐蚀。一些虽不具有腐蚀性的固体颗粒，但由于具有吸附腐蚀性气体的作用，也会间接地加速腐蚀。有些固体颗粒虽不具腐蚀性，也不具吸附性，但由于能造成毛细凝聚缝隙，会促使金属表面形成电解液薄膜，形成氧浓差电池，从而导致缝隙腐蚀。

金属表面状态对腐蚀速度也有明显的影响。与光洁表面相比，加工粗糙的表面容易吸附尘埃，暴露于空气中的实际面积也比较大，耐腐蚀性差。

4. 防止大气腐蚀的措施

防止大气腐蚀的方法很多，主要途径有三种：一是材料选择，可以根据金属制品及构件所处环境的条件及对防腐蚀的要求，选择合适的金属或非金属材料；二是在金属基体表面制备金属、非金属或其他种类的涂层、渗层、镀层；三是改变环境，减少环境的腐蚀性。

1）提高金属材料自身的耐蚀性

金属或合金材料自身的耐蚀性是金属是否容易遭到腐蚀的最基本因素。合金化是提高金属材料耐大气腐蚀性能的重要技术途径。例如，在普通碳钢的基础上加入适量的 Cr，Ni，Cu 等元素，可显著改善其大气腐蚀性能。此外，优化热处理工艺、严格控制合金中有害杂质元素的含量也是改进耐蚀性的重要方法。表 3-10 为我国生产的部分耐大气腐蚀钢。

表 3-10　我国生产的部分耐大气腐蚀钢

钢 号	质量分数 $w/\%$					
	C	Si	Mn	P	S	其 他
16MnCu	0.12～0.20	0.20～0.60	1.20～1.60	≤0.050	≤0.050	(Cu 0.20～0.40)
09MnCuTi	≤0.12	0.20～0.50	1.0～1.5	0.05～0.12	≤0.045	Cu 0.20～0.45 Ti≤0.03
15MnVCu	0.12～0.18	0.20～0.60	1.00～1.60	≤0.05	≤0.05	V 0.04～0.12 (Cu 0.2～0.4)
10PCuRE	≤0.12	0.2～0.5	1.0～1.4	0.08～0.14	≤0.04	Cu 0.25～0.40 Al 0.02～0.7 RE(加入)0.15
12MnPV	≤0.12	0.2～0.5	0.7～10	≤0.12	≤0.045	V 0.076
0RMnPRE	0.08～0.12	0.20～0.45	0.60～1.2	0.08～0.151	≤0.04	RE(加入) 0.10～0.20
10MnPNbRE	≤0.16	0.2～0.6	0.80～1.20	0.06～0.12	≤0.05	Nb 0.015～0.050 RE 0.10～0.20

2）采用覆盖保护层

利用涂、镀、渗等覆盖层把金属材料与腐蚀性大气环境有效地隔离，可以达到有效防腐蚀的目的。用于控制大气腐蚀的覆盖层有两类：① 长期性覆盖层。例如，渗镀、热喷涂、浸镀、刷镀、电镀、离子注入等；钢铁磷化、发蓝；铜合金、锌、镉的钝化；铝、镁合金氧化或阳极极化；珐琅涂层，陶瓷涂层和油漆涂层等。② 暂时性覆盖层，指在零部件或机件开始使用时可以除去（或用溶剂去除）的一些临时性防护层，如各种矿物油、可剥性塑料等。

3）控制环境

（1）充氮封存。将产品密封在金属或非金属容器内，经抽真空后充入干燥而纯净的氮气，利用干燥剂使内部保持在相对湿度低于 40% 以下，因低水分和缺氧，故金属不易生锈。

（2）采用吸氧剂。在密封容器内控制一定的湿度和露点，以除去大气中的氧。常用的吸氧剂是 Na_2SO_3。

（3）干燥空气封存。亦称控制相对湿度法，是常用的长期封存方法之一。其基本依据是：在相对湿度不超过 35% 的洁净空气中一般金属不会生锈，非金属不会长霉。因此，必须在密封性良好的包装容器内充以干燥空气或用干燥剂降低容器内的湿度，形成比较干燥的环境。

（4）减少大气污染。开展环境保护，减少大气污染，有利于缓解金属材料的大气腐蚀。

4）使用缓蚀剂

防止大气腐蚀所用的缓蚀剂有油溶性缓蚀剂、气相缓蚀剂和水溶性缓蚀剂。

5）合理设计和加强环境保护

防止缝隙中存水，避免落灰，加强环保，减少大气污染。

二、海水腐蚀

海水是自然界中量最大、腐蚀性强的一种天然电解质，约占地球总面积的 70%。常用金属及合金遇海水环境都会遭受不同程度的腐蚀。

我国海岸线很长，随着沿海交通运输、工业生产和国防建设的发展，金属结构物的腐蚀问题也日益突出。因此，研究和解决海水腐蚀问题对我国海洋运输和海洋开发及海军现代化的建设都具有重要意义。

扩展阅读

随着海洋石油工业的发展，海上采油平台、浮式生产设施（FPSO）、海底管线等不断增加，它们都有可能遭受海水腐蚀，如图 3-34 所示。

图 3-34　海水中常见金属构件的腐蚀

图 3-35 为某海上油田的油气集输管道图。海底输油(气)管道是海上油(气)田开发生产系统的主要组成部分,是连续输送大量油(气)快捷、安全和经济可靠的运输方式。通过海底管道能把海上油(气)田的生产集输和储运系统联系起来,也使海上油(气)田和陆上石油工业系统联系起来。近几十年来,随着海上油(气)田的不断开发,海底输油(气)管道实际上已经成为广泛应用于海洋石油工业的一种有效运输手段。

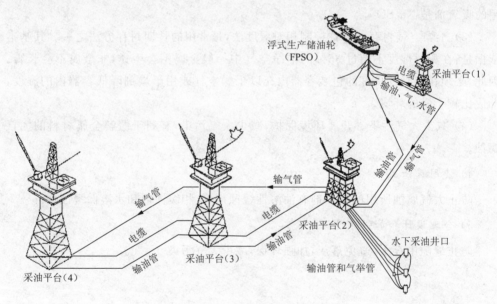

图 3-35　某海上油田的油气集输管道

据资料介绍,经过几十年的不断建设,美国墨西哥湾已经建成长约 37 000 km 的海底管道,将该海域 3 800 多座大小平台和沿岸的油气处理设施连成一张四通八达的海底管网,为经济有效地开发墨西哥湾的石油资源发挥了巨大作用。这些管道直径在 51 mm(2 in,1 in=2.54 cm)到 1 321 mm(52 in)之间,铺设在几米到数百米水深的海底。在欧洲的北海,近 30 多年来,由于许多大型天然气田的发现和开发,使远距离输送并销售天然气至西欧各国的海底管道建设发展迅速,现已建成上万千米的国际输气管网。

中国海底油气管道是从 20 世纪 80 年代开始发展的,据统计从 1985 年我国第一条海底输油管道建成至 2005 年,在我国海域累计已铺设海底管道 60 多条,总长度超过 3000 km。其中,渤海 8 个油(气)田建成的海底管道累计约 186 km。南海 13 个油(气)田铺设的海底管道累计超过 1 000 km,其中从海南岛近海某气田至香港的一条直径 711 mm(28 in)的海底输气管道长达 800 km 左右,是我国目前最长的一条海底管道。另外,东海某气田到上海附近铺设的一条输油、一条输气海底管道共 751 km,也于 1999 年投入运行。

我国海域辽阔,大陆海岸线长 18 000 km,6 500 多个岛屿的海岸线长 14 000 km,拥有近 300 万平方千米的海域,海上油气资源非常丰富。建造海洋及滩涂石油开发设施的材料大多数是钢铁,导致这些设施破坏的原因各种各样,除了事故性的原因外,主要的破坏因素来自于海洋环境。海洋环境对设施的破坏原因可以大致归纳为作用力和腐蚀。研究钢铁在海洋及滩涂环境中的腐蚀行为,对采取有效的防腐蚀措施,预防开发设施遭受意外破坏,具有重要的意义。

我国已经建立材料海水腐蚀试验网站,分别分布在我国的黄海、东海和南海,代表不同海域的海洋环境特征。

1. 海水腐蚀特征

(1) 海水的 pH 值在 7.2～8.6 之间,接近中性,并含有大量溶解氧,因此除了特别活泼的金属,如 Mg 及其合金外,大多数金属和合金在海水中的腐蚀过程都是氧的去极化过程,腐蚀速度由阴极极化控制。

(2) 海水中 Cl^- 浓度高,对于钢、铁、锌、镉等金属来说,它们在海水中发生电化学腐蚀时,阳极过程的阻滞作用很小,增加阳极过程阻力对减轻海水腐蚀的效果并不显著。

(3) 海水是良好的导电介质,电阻率比较小,因此在海水中不仅有微观腐蚀电池的作用,还有宏观腐蚀电池的作用。

(4) 海水中金属易发生局部腐蚀破坏,除了上面提到的电偶腐蚀外,常见的破坏形式还有点蚀、缝隙腐蚀、湍流腐蚀和空泡腐蚀等。

(5) 不同地区海水组成及盐浓度差别不大,因此地理因素在海水腐蚀中显得并不重要。

信 息 岛

海水常见腐蚀类型

在海水环境中,最常见的腐蚀类型是电偶腐蚀、点蚀、缝隙腐蚀、冲击腐蚀和空泡腐蚀。

(1) 电偶腐蚀。

在海水中由于异种金属接触引起的电偶腐蚀有重要破坏作用。大多数金属或合金在海水中的电极电位不是一个恒定的数值,而是随着水中溶解氧含量、海水的流速、温度以及金属的结构与表面状态等多种因素的变化而变化。

在海水中,不同金属之间的接触将导致电位较负的金属腐蚀加速,而电位较正的金属腐蚀速度降低。海水的流动速度、金属的种类,以及阴、阳极电极面积的大小都是影响电偶腐蚀的因素。表3-11列出某些金属的接触对低碳钢在海水中腐蚀速率的影响(试件面积为0.2 m²,海水温度为10 ℃,试验时间为18 d)。

表3-11　某些金属的接触对低碳钢在海水中腐蚀速率的影响

电　偶	海水流动速度为0.15 m/s		海水流动速度为2.4 m/s	
	腐蚀速率 /(mg·dm⁻²·d⁻¹)	接触效应 /(mg·dm⁻²·d⁻¹)	腐蚀速率 /(mg·dm⁻²·d⁻¹)	接触效应 /(mg·dm⁻²·d⁻¹)
钢-钢	60	—	170	—
钢-1Cr18Ni9	141	81	195	25
钢-钛	139	79	224	54
钢-铜	119	59	525	335
钢-镍	117	57	607	427

由于1Cr18Ni9、钛、铜、镍在海水中的电位都比钢的电位正,当这几种金属单独或多种与钢接触时都使钢的腐蚀速度加大,所加大的程度即为接触效应。当海水流速较小(0.15 m/s)时,金属的腐蚀速率主要由氧扩散控制,而阴极金属的种类所引起的作用较小,即接触效应相差不大。但是当海水流速较大(2.4 m/s)时,金属的腐蚀速率不再主要由氧扩散控制,而是主要由相接触的金属来决定,其中铜或镍对钢腐蚀的加速作用比不锈钢或钛大很多。

为了控制或阻止海水中电偶的加速作用,可以考虑在两种金属连接处加上绝缘层,或者在组成电偶的阴、阳极表面涂上一层不导电的保护层。注意:千万不能只给电偶中的阳极金属上漆,因为阳极涂层的任何破损都会导致整个阴极面积与微小的阳极(涂层破损处)组成局部腐蚀电池,使阳极很快腐蚀穿孔。在海水中金属间的电偶腐蚀作用距离可达30 m或更远,而在海洋大气中电偶腐蚀仅局限在一个很短的距离内,一般不超过25.4 mm。

(2)缝隙腐蚀。

金属部件在电解质溶液中,由于金属与金属或金属与非金属之间形成缝隙,其宽度足以使介质进入而处于停滞状态,使得缝隙内部腐蚀加剧,这种现象叫作缝隙腐蚀。

如图3-36所示,在缝隙腐蚀的起始阶段,缝隙内外的金属表面都发生以氧还原作为阴极反应的腐蚀过程。由于缝隙内的溶氧很快被消耗掉,而靠扩散补充又十分困难,缝隙内氧还原的阴极反应逐渐停止,缝隙内外建立了氧浓差电池。缝隙外大面积上进行的氧还原阴极反应,则促进缝隙内金属阳极溶解。缝隙内金属溶解产生过剩的金属阳离子(Me^+),又使缝隙外的氯离子迁入缝隙内以保持平衡。随之而发生的金属离子水解,使缝隙内酸度增高,又加速了金属的阳极溶解。这种电池一旦形成便很难加以控制。缝隙腐蚀通常在全浸条件下或者在飞溅区最严重,在海洋大气中也发现有缝隙腐蚀。凡属需要充足的氧气不断弥合氧化膜的破裂从而保持钝性的那些金属,在海水中都有对缝隙腐蚀敏感的倾向。

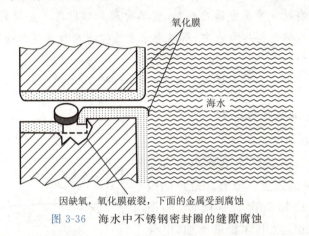

图 3-36　海水中不锈钢密封圈的缝隙腐蚀

图 3-37 所示的各种金属对缝隙腐蚀的相对敏感性表明不锈钢和铝金属最敏感。

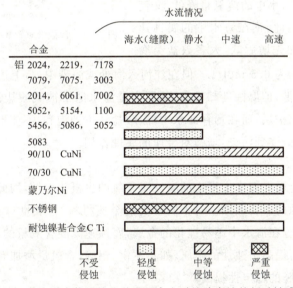

图 3-37　海洋中使用的几种重要合金对缝隙腐蚀的相对敏感性

缝隙有些是因设计如密封垫垫圈、铆钉等造成的,也可能是因海洋污损生物(如藤壶或软体动物)栖居在表面所致。

(3)点蚀。

暴露在海洋大气中金属的点蚀可能是由分散的盐粒或大气污染物引起的,表面特性或冶金因素如夹杂物、保护膜的破裂、偏析和表面缺陷也可能引起点蚀。

(4)冲击腐蚀。

在涡流情况下,常有空气泡卷入海水中,夹带气泡的快速流动的海水冲击金属表面时,保护膜可能被破坏,金属便可能产生局部腐蚀。

（5）空泡腐蚀。

在海水温度下,如果周围的压力低于海水的蒸汽压,海水就会沸腾,产生蒸汽泡,这些蒸汽泡的破裂反复冲击金属的表面,使其受到局部破坏。金属碎片掉落后,新的活化金属便暴露在腐蚀性的海水中,所以海水中的空泡腐蚀造成的金属损失既有机械损伤又有海水腐蚀。

空泡腐蚀常可用增加海水压力的方法加以控制。

2. 影响海水腐蚀性的因素

（1）盐类及其浓度。

海水中含盐量直接影响电导率和含氧量,影响海水腐蚀的强度。随着含盐量的增加,水的电导率增加而含氧量降低,如图 3-38 所示。一方面,水中含盐量增加,电导率增大,使钢的腐蚀速率加大;另一方面,当含盐量达一定值后,水中的溶氧量降低,又使腐蚀速率减小。因此,钢在海水中的腐蚀速度随含盐量的增加先增后减,大多数盐类腐

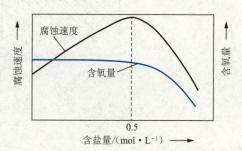

图 3-38　含盐量对含氧量和腐蚀速度的影响

蚀性最大的浓度约为 0.5 mol/L。但在江河入海处或海港中,与上述规律则不完全一致,虽然含盐量较低,但腐蚀性却较高,其原因是海水通常被碳酸盐饱和,钢表面沉积一层碳酸盐水垢保护层,而在稀释海水中,碳酸盐达不到饱和,不能形成此种保护性水垢。另外,海水可能受到污染,增强对金属的腐蚀作用。

（2）溶解氧。

由于大多数金属在海水中发生的腐蚀属于氧的去极化腐蚀,因此海水中溶解氧的量是影响海水腐蚀的重要因素。对不同种类的金属材料,含氧量对腐蚀的作用不同。对碳钢、低合金钢等在海水中不易钝化的金属,腐蚀速度随含氧量的增加而增加,但对依靠表面钝化膜而提高耐蚀性的金属,如不锈钢、铝等,含氧量增加有利于钝化膜的形成和修补,使钝化膜的稳定性提高。

（3）温度。

温度对腐蚀速度有重要影响。海水温度越高,腐蚀速度越大。大约水温每升高10 ℃,腐蚀速度增加一倍。

（4）pH 值。

海水的 pH 值主要影响钙质水垢沉积,从而影响海水的腐蚀性。因为在海水 pH 值条件下,海水中的碳酸盐一般达到饱和。pH 值即使变化不大也会影响碳酸钙水垢沉淀。pH 值升高,容易形成钙沉积层,海水腐蚀性减弱。在施加阴极保护时,阴极表面处海水 pH 值升高,很容易形成这种沉积层,这对阴极保护是有利的。

（5）流速。

海水流速的不同改变了供氧条件，因此对腐蚀产生重要影响。对在海水中不能钝化的金属，如碳钢、低合金钢等，随海水流速的增加，腐蚀速度亦增大。但对于不锈钢、铝合金、钛合金等易钝化的金属，海水流速增加会促进钝化，提高耐蚀性，因此在一定范围内提高流速是有利的。但是当流速达到一定值时，由于机械力作用的冲刷破坏又会使得腐蚀速率加快。

（6）海洋生物。

海洋生物的活动会改变海水中溶解氧的分布，从而影响海水腐蚀。海洋生物的生存及尸体分解会放出 CO_2 和 H_2S，加速海水腐蚀。特别是许多海洋生物附着于金属表面破坏金属表面保护层或使金属表面形成缺陷，均会促进金属腐蚀过程。

3. 防止海水腐蚀的措施

（1）合理选材。

合理选材是控制腐蚀最常用的方法。不同金属在海水中的耐蚀性差别较大。对于大型海洋工程结构，通常采用价格低廉的低碳钢和低合金钢，再覆之涂料和采取阴极保护措施来控制腐蚀。环境的腐蚀条件比较苛刻时，应选用较耐蚀的材料。例如，船舶螺旋桨用铸造铜合金（铍青铜、铝青铜等）制造，军用快艇选用铝合金制造，海洋探测用深潜器选用钛合金制造等。

（2）电化学保护。

阴极保护是防止海水腐蚀的有效方法，其中外加电流阴极保护便于调节，牺牲阳极阴极保护简便易行，两种方法都被广泛采用。但要注意这种保护方法只有在全浸区才有效。

（3）涂层保护。

涂装技术仍是至今普遍采用的防腐蚀方法，海洋大气区、飞溅区和潮差区主要依靠涂层来防护。涂料的品种较多，应根据构筑物所处环境进行选择。选择耐蚀性好的涂料固然重要，但涂装的施工质量决不可忽视，涂装前的表面处理亦十分重要，要严格进行脱脂、除锈和表面的清洁工作。

📖 扩 展 阅 读

腐蚀区域的特殊保护

根据滩海的不同腐蚀环境，在每个区域可采用一种或多种防腐蚀方法来达到最佳的保护效果。

（1）滩涂区。

滩涂区的防腐蚀应采用阴极与涂层联合保护。

（2）海洋大气区。

海洋大气区的防腐蚀多采用涂层保护，也可采用镀层保护或喷涂金属层保护。

在结构设计时,应尽量采用无缝、光滑的管形构件。选材时,应选用耐大气腐蚀的材料,如海上平台的生活模块应尽量采用铝合金、工程塑料及其他非金属材料;导管架、甲板、支撑件和钢桩选用类似于 ASTM A537A-CI-I 钢较为合适。

(3) 飞溅区。

飞溅区位于海水高潮位的上方,位于其中的钢结构表面常被含有饱和空气的海水所湿润,含盐离子量及海水干湿交替程度非常大,再加上风浪下的海水冲击作用会加剧飞溅区钢结构防腐保护层的破坏,故对于海洋金属构件,飞溅区的腐蚀是最为严重的。当其他方法还不能确保成功时,增加结构壁厚或附加"防腐蚀钢板"是飞溅区有效的防腐蚀措施。目前,为了防止腐蚀失效,有关规范仍要求飞溅区结构要有防腐蚀钢板保护,其厚度达 13～19 mm,并且要用防腐层或包覆层保护。

含有玻璃鳞片或玻璃纤维的有机防腐层可以用来对飞溅区结构进行保护,其膜厚度为 1～5 mm。厚度为 250～500 μm 的重防腐涂层在平台飞溅区也能维持较长的时间。

比较经典的防腐措施是使用包覆层。其中,70/30Ni-Cu 合金或 90/10Cu-Ni 合金已有较长的使用历史,用箍扎或焊接的方法把这种耐蚀合金包覆在飞溅区的平台构件上,有很好的防腐蚀作用。然而由于易受冲击破坏,并且材料和施工费用较高,现已较少采用。包覆 6～16 mm 的硫化氯丁橡胶效果也很好,但不能在施工现场涂敷,应用受到一定的限制。

热涂层在海洋大气中有很好的防腐效果,在飞溅区也有较长的防腐寿命,但在其表面上通常要涂封闭层。

对飞溅区进行保护时,必须清楚金属构件周围的风浪情况,准确确定飞溅区的范围。

(4) 全浸区。

全浸区的防腐蚀应采用阴极与涂层联合保护或单独采用阴极保护。当单独采用阴极保护时,应考虑施工期的防腐蚀措施。

在结构设计上,形状应尽量简单,宜选用环形断面,避免 L 形、T 形断面,不要设螺栓或铆钉;焊接要采用连续焊,焊缝质量要特别重视;尽量避免产生电流屏蔽现象;施工完毕后不需要的管子应尽量拆除。

三、土壤腐蚀

土壤是由土粒、水溶液、气体、有机物、带电胶粒和黏液胶体等多种组分构成的极为复杂的不均匀多相体系。不同土壤的腐蚀性差别很大。土壤由于组成、性质及其结构的不均匀,极易构成氧浓差电池腐蚀,使地下金属设施遭受严重的局部腐蚀。例如,埋在地下的油、气、水管线以及电缆等因穿孔而漏油、漏气或漏水,或使电信设备发生故障,而这些往往很难及时发现和检修,给生产带来很大的损失和危害。

1. 土壤腐蚀的电极过程及控制因素

土壤腐蚀与在电解液中腐蚀一样,是一种电化学腐蚀。大多数金属在土壤中的腐蚀属于氧的去极化腐蚀,只有在强酸性土壤中才发生氢去极化型腐蚀。

土壤腐蚀的条件极为复杂,对腐蚀过程的控制因素差别也较大,大致有以下几种控制特征:对于大多数土壤来说,当腐蚀取决于腐蚀微电池或距离不太长的宏观腐蚀电池时,腐蚀主要由阴极过程控制(图 3-39a),与全浸在静止电解液中的情况相似;在疏松、干燥的土壤中,随着氧渗透率的增加,腐蚀则转变为阳极控制(图 3-39b),此时腐蚀过程的控制特征接近于潮的大气腐蚀;对于在长距离宏观电池作用下的土壤腐蚀,如地下管道经过透气性不同的土壤形成氧浓差腐蚀电池时,土壤电阻成为主要的腐蚀控制因素,或称为阴极-电阻混合控制(图 3-39c)。

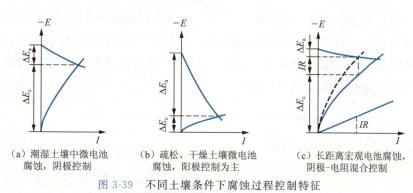

(a) 潮湿土壤中微电池腐蚀,阴极控制　　(b) 疏松、干燥土壤微电池腐蚀,阳极控制为主　　(c) 长距离宏观电池腐蚀,阴极-电阻混合控制

图 3-39　不同土壤条件下腐蚀过程控制特征

2. 土壤腐蚀的类型

(1) 微电池和宏观电池引起的土壤腐蚀。

在土壤腐蚀的情况下,除了因金属组织不均匀性引起的腐蚀微电池外,还可能存在由于土壤介质的不均匀性引起的宏观腐蚀电池。

(2) 杂散电流引起的土壤腐蚀。

所谓杂散电流是指由原定的正常电路漏失而流入它处的电流。

图 3-40 所示为土壤中因杂散电流而引起管道腐蚀的示意图。正常情况下电流流程为电源正极→架空线→机车→铁轨→电源负极。但当路轨与土壤间绝缘不良时,就会有一部分电流从路轨漏到地下,进入地下管道某处,再从管道的另一处流出,回到路轨。电流离开管线进入大地处成为腐蚀电池的阳极区,该区金属遭到腐蚀破坏,腐蚀破坏程度与杂散电流的电流强度呈正比。电流强度愈大,腐蚀就愈严重。

(3) 土壤中的微生物腐蚀。

和土壤腐蚀有关的微生物主要有 4 类:硫化菌(SOB)、厌氧菌(SRB)、真菌、异养菌。真菌和异养菌属于喜氧菌,在含氧的条件下生存;厌氧菌的生存及活动是在缺氧的条件下进行的;而硫化菌属于中性细菌,有氧无氧都可进行生理活动。微生物对地下金属构件的腐蚀是新陈代谢的间接作用,不直接参与腐蚀过程。

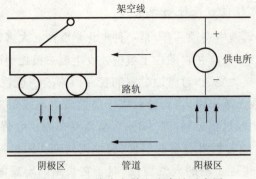

图 3-40　土壤中杂散电流腐蚀示意图

　　（4）氧浓差电池。

　　对于埋在土壤中的地下管线而言，氧浓差电池作用是最常见的。产生这种电池作用的原因是管线不同部位土壤的氧含量差异，其中氧含量低的部位电位较负，为阳极，氧含量高的部位电位较正，为阴极。例如，黏土和砂土等因结构不同、管线埋深不同等都容易形成氧浓差电池，如图 3-41 所示。

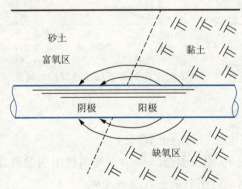

图 3-41　土壤中的氧浓差腐蚀电池示意图

　　（5）盐浓差电池。

　　盐浓差电池是由于土壤介质的含盐量不同而造成的，盐浓度低的部位电极电位较负，成为阳极而加速腐蚀。

　　（6）温差电池。

　　温差电池在油井和气井的套管以及压气站的管道中可能发生。位于地下深层的套管处于较高的温度，为阳极；而位于地表面附近即浅层的套管温度低，为阴极。图 3-42 是压气站产生温差电池的例子。当热气进入管道后，把热量传给土壤，温度下降，所以靠近压气站的管线是阳极，而离压气站较远的管线是阴极。

　　（7）新旧管线构成的腐蚀。

　　当新旧管线连在一起时，由于旧管线表面有腐蚀产物层，其电极电位比新管线正，成为阴极，加速新管的腐蚀，如图 3-43 所示。

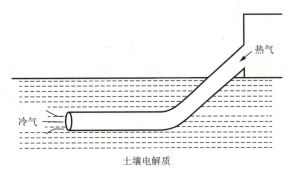

图 3-42　压气站附近的温差电池

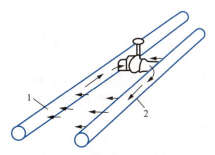

图 3-43　新旧管线形成的腐蚀电池

1—旧管(阴极)；2—新管(阳极)

3. 土壤腐蚀的影响因素及防止措施

影响土壤腐蚀性的因素很多,主要是环境因素,如土壤的性质、含水量、含氧量、盐分种类和浓度、酸碱度、温度、微生物等。这些影响因素往往又是相互联系的。

（1）孔隙度。

孔隙度越大越有利于保存水分和氧的渗透。透气性好可加速腐蚀过程,但透气性太大又阻碍金属的阳极溶解,易生成具有保护能力的腐蚀产物层。

（2）含水量。

如图 3-44 所示,水分的多少对土壤腐蚀影响很大,含水量很低时腐蚀速度不大,随着含水量的增加,土壤中盐分的溶解量增大,因而加大腐蚀速度。当可溶性盐全部溶解时,腐蚀速度可达最大值。若水分过多,因土壤胶黏膨胀堵塞了土壤的孔隙,氧的扩散渗透受阻,腐蚀反而减小。

对于长距离氧浓差宏观电池来说,随含水量增加,土壤电阻率减少,氧浓差电池作用加大。但含水量增加到接近饱和时,氧浓差作用反而降低了。

（3）含盐量。

除了 Fe^{2+}（Fe^{2+} 可能增强厌氧菌的破坏作用）对腐蚀有影响外,其他的阳离子对腐蚀影响不大。SO_4^{2-},NO_3^- 和 Cl^- 等阴离子对腐蚀影响较大,对土壤腐蚀有促进作用。土壤中含盐量大,土壤的电导率增高,腐蚀性也增强。在钙、镁离子含量较高的石灰质土壤（非酸性土壤）中,因在金属表面形成难溶的氧化物或碳酸盐保护层而使腐蚀减缓。

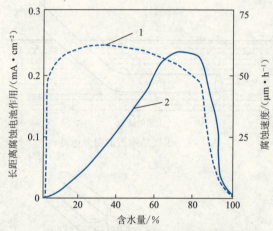

图 3-44　土壤含水量与腐蚀速度的关系
1—腐蚀速度；2—长距离腐蚀电池作用

（4）土壤的导电性。

土壤的导电性受土质、含水量及含盐量等影响，孔隙度大的土壤（如砂土），水分易渗透流失；而孔隙度小的土壤（如黏土），水分不易流失。含水量大，可溶性盐类溶解得多，导电性好，腐蚀性强。尤其是对长距离宏观电池腐蚀来说，影响更为显著。一般低洼地和盐碱地因导电性好，故有很强的腐蚀性。

（5）其他因素。

通常酸度愈大，腐蚀性愈强，这是因为易发生氢离子阴极去极化作用。当土壤中含有大量有机酸时，其 pH 值虽然近中性，但其腐蚀性仍然很强。因此，衡量土壤腐蚀性时，应测定土壤的总酸度。

温度升高能增加土壤电解液的导电性，加快氧的渗透扩散速度，因此加速腐蚀。温度升高，如在 25～35 ℃时，最适宜于微生物的生长，从而也加速腐蚀。

防止土壤腐蚀可采用以下几种措施：

① 覆盖层保护。通过提高被保护构件与土壤间的绝缘性达到防腐，可采用沥青涂层、环氧粉末涂层、泡沫塑料等防腐保护层。

② 耐蚀金属材料和金属镀层。它是指采用某些合金钢和有色金属，或采用锌镀层来防止土壤腐蚀。

③ 处理土壤减少其侵蚀性。例如用石灰处理酸性土壤，或在地下构件周围填充石灰石碎块，移入侵蚀性小的土壤，加强排水，以改善土壤环境，降低腐蚀性。

④ 阴极保护。阴极保护是依靠外加直流电流或牺牲阳极，使被保护金属成为阴极并达到一定阴极电位以防止腐蚀的方法。

实际工程常采用涂层和阴极保护联合方法，既可弥补保护涂层的针孔和破损的缺陷，又可减少阴极保护的电能消耗。

思考与练习

一、填空题

(1) 金属腐蚀按腐蚀形态分为_____和_____两大类。

(2) 发生点蚀需在某一临界电势以上,该电势称作_____。点蚀电势随介质中氯离子浓度的增加而_____,使点蚀易于发生。

(3) 目前普遍为大家所接受的缝隙腐蚀机理是_____与_____共同作用的结果。

(4) 由残余或外加应力导致的应变和腐蚀联合作用所产生的材料破坏形式称为_____。

(5) 应力腐蚀两大机理是_____和_____。

(6) 根据腐蚀金属表面的潮湿程度可把大气腐蚀分为_____、_____和_____三种类型。

(7) 大多数金属和合金在海水中的腐蚀过程都是_____过程,腐蚀速度由_____控制。

(8) 土壤腐蚀的条件极为复杂,对腐蚀过程的控制因素差别也较大,控制特征有_____、_____和_____三种。

(9) 晶间腐蚀机理可以用奥氏体不锈钢的_____来解释。

(10) 点蚀可分为发生、发展两个阶段,即_____和_____过程。

二、判断题

(1) 电偶的实际电势差是产生电偶腐蚀的必要条件,它标志着发生电偶腐蚀的热力学可能性。（　　）

(2) 点蚀的发展机理有很多学说,现较为公认的是发生自催化过程。（　　）

(3) 在相同环境下,点蚀比缝隙腐蚀更容易发生。（　　）

(4) 丝状腐蚀是大气条件下一种特殊的缝隙腐蚀。（　　）

(5) 黄铜脱锌属于晶间腐蚀。（　　）

(6) 大气腐蚀可以说无处不在。（　　）

(7) 海水含盐量越高,腐蚀性越强。（　　）

(8) 新旧管线构成的腐蚀中新管为阳极,旧管为阴极。（　　）

(9) 应力腐蚀机理有许多模型,按照腐蚀过程可划分为阳极溶解型和氢致开裂型两大类。（　　）

(10) 海水的 pH 值接近碱性,并含有大量溶解氧。（　　）

三、简答题

(1) 产生局部腐蚀的因素有很多,请列举 4 个。

(2) 请简单阐述点蚀产生机理中的自催化过程。

（3）试阐述氧浓差电池形成的原因和腐蚀机理。

（4）土壤腐蚀有哪些类型以及影响土壤腐蚀的因素有哪些？

（5）大气腐蚀主要有哪几种类型简单阐述其腐蚀原理。

（6）简单阐述海水腐蚀的主要特征。

第 **4** 章

腐蚀控制方法

为了达到金属腐蚀防护目的而采取的综合方法或手段,称为防腐蚀技术。由于腐蚀是材料与环境介质发生作用造成的,因而控制腐蚀的技术途径主要可以从材料、环境、界面这三个方面考虑,当涉及应力因素时,需要控制力学参量。目前防腐蚀技术主要有选材与设计、电化学保护、介质处理、表面涂层和缓蚀剂保护等。

每种防护措施都有各自的适用条件和应用范围,在某一种情况下可能有效,在另一种情况下就可能无效,甚至是有害的。例如,阳极保护只适用于金属在介质中易于阳极钝化的体系,如果不能造成钝态,则阳极极化不仅不能减缓腐蚀,反而会加速金属的阳极溶解。另外,在某些情况下采取单一的防腐蚀措施其效果并不明显,但如果采用两种或多种防腐蚀措施进行联合保护,其防腐蚀效果则有显著增加,如阳极保护(涂料)、阴极保护(缓蚀剂)等联合保护。

对于某一具体腐蚀系统要根据具体情况选择一种或几种合适的防腐蚀技术。下面介绍几种常用的防腐蚀技术。

第一节　选材与设计

正确的选材与设计是最根本的腐蚀控制措施,材料选择不当常常是造成腐蚀破坏的主要原因。

一、选材的基本原则

(1) 材料的耐腐蚀性能满足生产的要求。

(2) 材料的机械性能、加工性能满足设备设计与加工的要求。

金属的耐蚀性能可通过提高其纯度来加以改进,但纯金属往往机械强度低,不能应用于工程中,有的材料耐蚀性能好,但加工性能差,如高硅铸铁,质地坚硬而脆,切削加工非常困难,只能用铸造的方法来制造。因此,它得不到普遍应用,但以其很好的耐蚀性能而常常用来作外加电流阴极保护的辅助阳极。

（3）注意节约投资。

Au,Pt 等贵金属在绝大多数介质中是非常稳定的材料,不易受到腐蚀,但这类金属价格昂贵,不宜在工业中大规模应用。

总之,选材时应优先选用那些耐蚀性能满足使用介质要求、材料综合性能好、价格又便宜的金属和合金。

二、选材的基本方法

（1）了解设备或构件的工作环境条件。

设备或构件的工作环境条件包括工作介质、温度和压力等。

（2）调查设备的结构类型与制造工艺。

选材时要考虑设备的类型、用途及制造工艺特点。例如,泵是流体输送机械,要求材料具有良好的抗磨蚀性能和铸造性能;高温炉要求材料具有良好的耐热性能;换热器除了要求材料有良好的耐蚀性外,还要求有良好的导热性以及表面光滑度,不易在其上生成坚实的垢层等。

（3）调查生产对材料的特殊要求。

在合成纤维生产中,不允许有金属离子的污染,设备一般采用不锈钢。而在医药、食品工业中,设备选用铝、不锈钢、钛、陶瓷及其他非金属材料。

（4）取得与之有关的腐蚀数据。

根据具体的腐蚀数据进行合理选材,避免盲目化。

三、防腐蚀设计的一般原则

设备尺寸应留有余量(使用寿命、腐蚀余量),力求结构简单,尽量避免残留液和沉积物造成腐蚀、避免加料溶液飞溅、避免缝隙的存在、避免引起电偶腐蚀的结构设计、避免使流体直接冲刷器壁、避免应力过分集中等。

 信 息 岛

当必须把不同金属装配在一起时,应该用不导电的材料把它们隔离开。例如,必须把铁管接到铜槽上时,可以在铁管和铜槽之间加一段橡皮、塑料或陶瓷的管子,以避免铁、铜直接接触引起腐蚀。

若两种不同电势的材料无法避免接触,应尽可能避免阴极面积过大,而阳极面积过小。因为这样会使阳极的电流密度过大,从而加速它的腐蚀。

第二节　电化学保护Ⅰ——牺牲阳极保护

一、电化学保护概述

电化学保护(电法保护)最早出现在 1824 年的英国,最初是用锌对轮船船体进行防腐。1930 年左右,美国将其广泛应用到地下管道防腐。日本是在第二次世界大战结束以后才引进这项技术,广泛用于地下管道、港湾设施、化工装置、热电站、建筑物基础等方面的防腐。

电化学保护是对接触电解质的金属进行防腐的一种方法,在水溶液和土壤环境中是一种有效的防止金属腐蚀的方法。

金属电化学腐蚀的三个必要条件为:两极有电位差;存在电解质;两极互相连接并与电解质接触。要使金属不发生腐蚀破坏,应将这三个必要条件中的任何一个加以破坏。在这三个条件中,第二个条件不易改变,第一个条件最易改变。所以,有必要从第一个条件出发,破坏其发生腐蚀的首要条件,电化学保护正是从这一角度出发的。

电化学保护分为两大类:阴极保护(包括外加电流的阴极保护和牺牲阳极的阴极保护)和阳极保护。

二、牺牲阳极保护原理

利用比被保护对象电位更负的金属或合金制成牺牲阳极,从而使被保护对象发生阴极极化,达到减缓腐蚀的目的,这种方法称为牺牲阳极的阴极保护(或简称牺牲阳极保护),如图 4-1 所示。

从腐蚀极化图 4-2 中可以分析牺牲阳极保护的原理:加牺牲阳极前,被保护金属的腐蚀电流为 I_a;加牺牲阳极后,被保护金属的腐蚀电流为 I'_a。因 I'_a 小于 I_a,因此被保护金属的腐蚀电流减少,从而得到了保护。

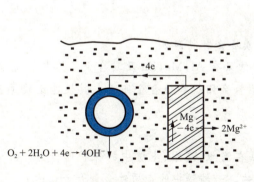

$$O_2 + 2H_2O + 4e \rightarrow 4OH^-$$

图 4-1　牺牲阳极保护结构示意图

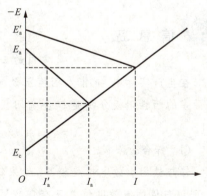

图 4-2　牺牲阳极保护原理示意图

三、牺牲阳极要求

常用的牺牲阳极材料为镁、铝、锌等活泼金属及其合金。一般从以下三个方面来衡量牺牲阳极的质量。

1. 电极电位

反映这方面的指标一般是阳极开路电位和有效电压两个量。显然牺牲阳极的电极电位越负,与被保护金属之间的电位差就越大,这样的阳极才容易"牺牲"。

2. 单位质量阳极材料产生的电量

单位质量阳极材料产生的电量越大越好,反映这方面性能的指标有理论电量[(A·h)/g]、有效电量[(A·h)/g]和消耗量[kg/(A·a)]。这样就可以减小牺牲阳极所占空间和成本。

3. 电流效率

电流效率为有效电量和理论电量之比,即有效电量在阳极的理论电量中所占的百分数,电流效率越大越好。

4. 腐蚀特征

牺牲阳极表面的腐蚀特征是评定阳极性能的重要指标。良好的牺牲阳极表面应该是全面均匀的溶解,表面上不沉积难溶的腐蚀产物,阳极能够长期地工作。

原则上,凡电位比待保护金属负的所有金属或合金均可以作为牺牲阳极的材料。但在实际工程应用中,选择牺牲阳极材料时,必须能与被保护的金属构件之间形成高电位差。所以对牺牲阳极材料的要求是:有足够低的电位,其极化性弱;在长期使用过程中,阳极放电保持表面活性而不钝化;消耗单位质量金属时提供的电量多,单位面积输出电流大;自然腐蚀少,电流效率高;有一定的强度,加工性能好,价格便宜。另外,还要综合考虑阳极的开路电位、所需保护电流的大小以及介质的电阻等因素。

信息岛

常用的三大类合金牺牲阳极

在生产实际中,能作为牺牲阳极材料的只有 Al,Mg,Zn 及其合金。其中,三种采用最多的牺牲阳极分别是锌合金阳极、铝合金阳极和镁合金阳极。其性能比较见表4-1。

(1) 锌合金阳极。

锌与铁的有效电位差较小,如果钢铁在海水、淡水、土壤中的保护电位为-0.85 V,则锌与铁的有效电位差只有 0.2 V 左右。若纯锌中的杂质铁含量大于 0.001 4%,在使用过程中阳极表面上就会形成高电阻的、坚硬的、不脱落的腐蚀产物,使纯锌阳极失去保护效能。这是因为锌中铁含量增加会形成 Fe-Zn 相,而使其电化学性能明显变劣。

表 4-1　三大类牺牲阳极性能比较

项　目	镁合金阳极	锌合金阳极	铝合金阳极
阳极开路电位/($-$V. SCE)	1.55	1.10	1.10
有效电位差 ΔE/V	0.65	0.25	0.25
理论电量/(A·h·g^{-1})	2.21	0.82	2.88
电流效率/%	55	90	80
有效电量/(A·h·g^{-1})	1.22	0.74	2.30
消耗量/(kg·A^{-1}·a^{-1})	7.2	11.80	3.81
相对密度	1.84	7.30	2.82

在锌中加入少量铝和镉可以在很大程度上降低铁的不利影响,这时锌中的铁不再形成 Fe-Zn 相而优先形成铁和铝等的金属间化合物,这种铁和铝等的金属间化合物不参与阳极的溶解过程,使阳极性能改善。加铝和镉都使腐蚀产物变得疏松易脱落,改善了阳极的溶解性能。另外,加铝和镉还能使晶粒细化,使阳极性能改善。

我国目前已定型系列化生产含 0.6% Al 和 0.1% Cd 的锌-铝-镉三元锌合金阳极。该阳极在海水中长期使用后电位仍稳定;自溶解量小,电流效率高,一般为90%～95%;溶解均匀,表面腐蚀产物疏松,容易脱落,溶解的表面上有亮灰色的金属光泽;使用寿命长,价格便宜。在海水中用于保护钢结构及铝结构效果良好,但由于锌与铁的有效电位差较小,故不宜用于高电阻率的场合,而适用于电阻率较低的介质中。

(2) 铝合金阳极。

铝合金阳极是近期发展起来的新型牺牲阳极材料。与锌合金阳极相比,铝合金阳极具有质量轻、单位质量产生的有效电量大、电位较负、资源丰富、价格便宜等优点,所以铝合金阳极的使用已经引起了人们的重视。目前我国已有不少单位对不同配方铝基牺牲阳极的熔炼和电化学性能进行了研究,但铝合金阳极的溶解性不如锌-铝-镉合金阳极,电流效率约为 80%,也比锌合金阳极低一些。

常用的铝合金阳极有 Al-Zn-In-Cd 阳极、Al-Zn-Sn-Cd 阳极、Al-Zn-Mg 阳极及Al-Zn-In 阳极等。

(3) 镁合金阳极。

目前使用的多为含 6% Al 和 3% Zn 的镁合金阳极,由于其电位较负,与铁的有效电位差大,故保护半径大,适用于电阻较高的淡水和土壤中金属的保护。但因其腐蚀快、电流效率低、使用寿命短,需经常更换,故在低电阻介质中(如海水)不宜使用。而且镁合金阳极工作时,会析出大量氢气,本身易诱发火花,工作不安全,故现在舰船上已不再使用。

四、牺牲阳极地床

（1）地床的构造。

为保证牺牲阳极在土壤中性能稳定，阳极四周要填充适当的化学填包料。其作用为：使阳极与填包料相邻，改善阳极工作环境；降低阳极接地电阻，增大阳极输出电流；填包料的化学成分有利于阳极产物的溶解，不结痂，减少不必要的阳极极化；维持阳极地床长期湿润。对化学填包料的基本要求是电阻率低、渗透性好、不易流失和保湿性好。

牺牲阳极填包料的使用有袋装和现场钻孔填装两种方法。注意袋装用的袋子必须是天然纤维织品，严禁使用化纤织物。现场钻孔填装效果虽好，但填料用量大，稍不注意容易把土粒带入填包料中，影响填包料质量。填包料的厚度应在各个方向均保持5～10 cm。表 4-2 为目前常用牺牲阳极填包料的化学配方。

表 4-2　牺牲阳极填包料的化学配方

阳极类型	填包料配方/%				适用条件
	石膏粉	工业硫酸钠	工业硫酸镁	膨润土	
镁阳极	50	—	—	50	≤20 Ω·m
	25	—	25	50	≤20 Ω·m
	75	5	—	20	>20 Ω·m
	15	15	20	50	>20 Ω·m
	15	—	35	50	>20 Ω·m
锌阳极	50	5	—	45	—
	75	5	—	20	—
铝阳极	食盐	生石灰	—	—	—
	40～60	20～30	—	20～30	—

（2）牺牲阳极的形状。

针对不同的保护对象和应用环境，牺牲阳极的几何形状也各不相同，主要有棒形、块（板）形、带状、镯式等几种。

在土壤环境中多用棒形牺牲阳极，牺牲阳极多做成梯形截面或 U 形截面。根据牺牲阳极接地电阻的计算而知，接地电阻值主要取决于牺牲阳极长度，这也就决定了牺牲阳极输出功率，其截面的大小才决定牺牲阳极的寿命。

带状牺牲阳极主要应用在高电阻率的土壤环境中，有时也用于某些特殊场合，如临时性保护、套管内管道的保护、高压干扰的均压栅（环）等。镯式牺牲阳极只适用于水下或海底管道的保护，如图 4-3 所示。块（板）形牺牲阳极多用于船壳、水下构筑物、容器内保护等。

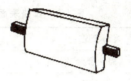

（a）组装图　　　　　　　（b）单片阳极块

图 4-3　手镯式锌阳极外形

（3）牺牲阳极地床的布置。

牺牲阳极的分布可采用单支和集中成组两种方式。牺牲阳极埋设分为立式和水平式两种，埋设方向有轴向和径向两种形式。阳极埋设位置一般距管道外壁 3～5 m，最小不宜小于 0.3 m。埋设深度以牺牲阳极顶部距地面不小于 1 m 为宜。对于北方地区，必须在冻土层以下。成组埋设时，牺牲阳极间距以 2～3 m 为宜，牺牲阳极在管道长度方向上以 200～300 m 一组为最好。

在地下水位低于 3 m 的干燥地带，牺牲阳极应当加深埋设；对河流、湖泊地带，牺牲阳极应尽量埋设在河床（湖底）的安全部位，以防洪水冲刷和挖泥清淤时损坏。

在城市和管网区使用牺牲阳极时，要注意牺牲阳极和被保护构筑物之间不应有其他金属构筑物，如电缆、水或气管道等。牺牲阳极埋设如图 4-4 所示。

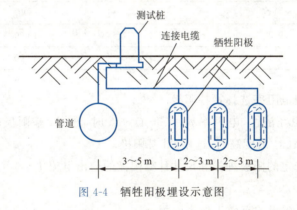

图 4-4　牺牲阳极埋设示意图

五、牺牲阳极保护计算

对于油气管道等简单规则的被保护物，其计算步骤如下：

（1）根据防腐蚀绝缘层结构计算所需的保护电流 I：

$$I = Si(1-E) = \pi DLi(1-E) \tag{4-1}$$

式中　　D——被保护管道的外径，m；

　　　　L——被保护管道的长度，m；

　　　　S——被保护管道的外表面积，m^2；

E——涂层效率，%；

i——最小保护电流密度，mA/m^2，详见表 4-3、表 4-4。

表 4-3　管路表面状况与最小保护电流密度

表面状况	最小保护电流密度/$(mA \cdot m^{-2})$
裸　管	5～50
沥青涂层	1～10
沥青玻璃布防护层	0.01～0.15
煤焦油瓷漆玻璃布涂层	0.05～0.3
聚乙烯涂层	0.005

表 4-4　管路绝缘层电阻与最小保护电流密度

$R/(10^3 \ \Omega \cdot m)$	最小保护电流密度/$(mA \cdot m^{-2})$
1 000	0.3
300	1.0
100	3.0
30	10
10	30
3	100
1	300
0.3	1 000
0.1	3 000

（2）根据土壤电阻率选择牺牲阳极。

选用时要考虑经济性，电阻率 $\rho_\pm < 30 \ \Omega \cdot m$ 时，选 Zn 基阳极；$\rho_\pm < 100 \ \Omega \cdot m$ 时，选 Mg 基阳极；Cl^- 浓度高时，选用 Al 基阳极。

（3）根据所选定的阳极种类和尺寸计算阳极的输出电流 I_a：

$$I_a = i_a F \tag{4-2}$$

式中　F——每个阳极的有效工作表面积，cm^2；

i_a——阳极表面电流密度，mA/cm^2。

阳极表面电流密度由阳极材料及介质而定，应通过实验来确定。初步估算，在海水中时，取 $i_a = 1 \ mA/cm^2$；在土壤中时，取 $i_a = 0.03 \ mA/cm^2$。

阳极输出电流还可根据有效电位差计算：

$$I_a = \frac{\Delta E}{R_a + \dfrac{R_P}{2} + r_n} = \frac{\Delta E}{R} \tag{4-3}$$

式中　ΔE——阳极对被保护金属的有效电位差，V；

R——牺牲阳极保护回路中的总电阻,Ω;

R_a——牺牲阳极电阻或阳极接地电阻,Ω;

R_P——管路的输入电阻或阴极接地电阻,Ω;

r_n——回路导线电阻,Ω。

 **信 息 岛**

牺牲阳极接地电阻的计算

单支立式圆柱形牺牲阳极无填料(图 4-5a)时,接地电阻按式(4-4)计算,有填料(图 4-5b)时,则按式(4-5)计算:

$$R_V = \frac{\rho}{2\pi L}\left(\ln\frac{2L}{d} + \frac{1}{2}\ln\frac{4t+L}{4t-L}\right) \approx \frac{\rho\ln(2L/d)}{2\pi L} \tag{4-4}$$

$$R_V = \frac{\rho}{2\pi L}\left(\ln\frac{2L_a}{D} + \frac{1}{2} + \frac{4t+L_a}{4t-L} + \frac{\rho_a}{\rho}\ln\frac{D}{d}\right) \tag{4-5}$$

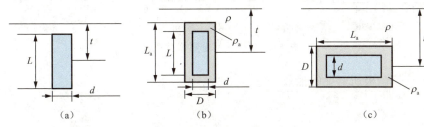

图 4-5　牺牲阳极结构参数示意图

单支水平式圆柱形牺牲阳极有填料(图 4-5c)时,接地电阻按式(4-6)计算:

$$R_H = \frac{\rho}{2\pi L_a}\left(\ln\frac{2L_a}{D} + \ln\frac{L_a}{2t} + \frac{\rho_a}{\rho}\ln\frac{D}{d}\right) \tag{4-6}$$

式中　R_V——立式阳极接地电阻,Ω;

R_H——水平式阳极接地电阻,Ω;

ρ——土壤电阻率,$\Omega\cdot m$;

ρ_a——填(包)料电阻率,$\Omega\cdot m$;

L——阳极长度,m;

L_a——阳极填(包)料层长度,m;

d——阳极等效直径,m;

D——填(包)料层直径,m;

t——阳极中心至地面的距离,m。

上述三式的适用条件为 $L_a \gg d$,$t \gg L/4$。

多支阳极并联总接地电阻比理论值要大,这是阳极之间屏蔽作用的结果,可根据阳极之间的间距加以修正,修正系数 α 由图 4-6 查出。

$$R_{总} = \frac{R_V}{N}\alpha \qquad (4\text{-}7)$$

式中　$R_{总}$——阳极组总接地电阻，Ω；

　　　R_V——单支阳极接地电阻，Ω；

　　　N——并联阳极支数；

　　　α——修正系数，查图 4-6。

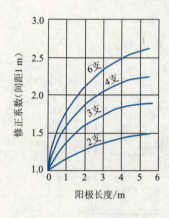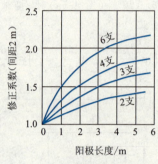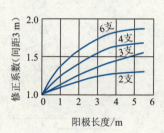

图 4-6　阳极接地电阻修正系数

（4）计算阳极所需要的根数。

$$N = \frac{I}{\eta' I_a} \qquad (4\text{-}8)$$

式中　N——阳极根数；

　　　I——保护电流，A；

　　　I_a——每根阳极的输出电流，A；

　　　η'——牺牲阳极屏蔽系数，取 0.3～0.7。

（5）计算阳极寿命。

$$T = \frac{GA\eta}{24 \times 365 I} = \frac{GA\eta}{8\ 760 I} \qquad (4\text{-}9)$$

式中　T——阳极寿命，a；

　　　G——牺牲阳极总质量，kg；

　　　A——理论电化当量，$(A \cdot h)/kg$；

　　　I——牺牲阳极保护系统回路中的电流，A；

　　　η——阳极电流效率，$\eta = 55\% \sim 75\%$。

典型案例

某埋地管道长 13 km，直径 159 mm，环氧粉末防腐层，处于土壤电阻率 30 Ω·m 环境中，采用牺牲阳极进行保护，牺牲阳极设计寿命 20 a，计算阳极的用量。

解　由于土壤电阻率为 30 Ω·m,较高,设计采用立式高电位镁阳极阴极保护系统。

(1) 所需阴极保护电流为:

$$I = Si(1-E) = \pi DLi(1-E)$$

$D = 159$ mm, $L = 13 \times 10^3$ m, i 为最小保护电流密度,取 10 mA/m², 涂层效率 E 取 98%,有:

$$I = 3.14 \times 0.159 \times 13\,000 \times 10 \times 2\% = 1\,298 \text{ (mA)}$$

(2) 根据设计寿命以及阳极电容量计算阳极用量。

$$G = \frac{24 \times 365 IT}{A\eta} = \frac{8\,760 IT}{A\eta}$$

式中　A——理论电化当量,取 2 200 (A·h)/kg;

　　　η——阳极电流效率,取 55%。

$$G = 8\,760 \times 1.298 \times \frac{20}{2\,200 \times 0.55} = 188 \text{ (kg)}$$

选用 7.7 kg 镁阳极,则需要 25 支。

(3) 根据阳极实际发电量计算阳极用量。

7.7 kg 镁阳极尺寸为:长度 $L = 762$ mm,直径 $d = 152$ mm,认为阳极中心至地面的距离 $t \gg L$。将有关数据代入式(4-4)得:

$$R_{\mathrm{V}} = \frac{\rho}{2\pi L}\left(\ln\frac{2L}{d} + \frac{1}{2}\ln\frac{4t+L}{4t-L}\right) \approx \frac{\rho\ln(2L/d)}{2\pi L}$$

$$= 30 \times \frac{\ln(2 \times 0.762/0.152)}{2 \times 3.14 \times 0.762}$$

$$= 14.5 \text{ (Ω)}$$

假设管道的自然电位为 -0.55 V,极化电位为 -1.0 V,保护电流为 1 298 mA,则管道的接地电阻为 0.35 Ω,忽略导线电阻,则电路电阻共计 14.85 Ω。

假设管道的极化电位为 -1.0 V,镁阳极的驱动电位为 -1.75 V,则镁阳极的驱动电压为 0.75 V。

单支阳极的输出电流为:0.75/14.85 = 50.5 mA,则输出 1 298 mA 电流需要阳极为 1 298/50.5 = 25.7 支,取 26 支。

由于根据接地电阻计算的阳极用量大于根据电流量计算的阳极用量,所以取 26 支阳极。

将 26 支阳极沿管道每隔 433 m 埋设一支,然后与管道连接。

(4) 牺牲阳极系统实际寿命验算。

$$T = \frac{GA\eta}{24 \times 365 I} = \frac{GA\eta}{8\,760 I} = 26 \times 7.7 \times 2\,200 \times 0.55 \div (8\,760 \times 1.298) = 21 \text{ (a)}$$

牺牲阳极系统的实际寿命为 21 a。

六、管道牺牲阳极安装

地下管道保护时,为了使阳极的电位分布较均匀,增加每一阳极保护站的保护长度,每个阳极的保护长度范围一般为200～1 000 m,阳极距离管道的垂直距离为3～5 m。阳极与管道用导线连接。为了调节阳极输出电流,可在阳极与管道之间串联一个可调电阻。如果管道直径较大,阳极应装在管道两侧或埋设在较深的部位(低于管道的中心线),以减少遮蔽作用。如图4-7所示。

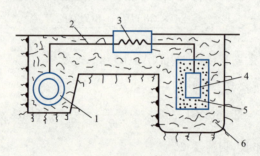

图 4-7　埋地管道牺牲阳极安装示意图
1—被保护管道;2—导线;3—串联电阻;4—牺牲阳极;5—填包料;6—土壤

地下管道以牺牲阳极保护时,牺牲阳极的现场安装方法如下:在阳极埋设处挖一个比阳极直径大200 mm的坑,底部放入100 mm厚的搅拌好的填包料,把处理好的阳极放在填包料上(如铝阳极要用10%NaOH溶液浸泡数分钟以除去表面氧化膜,再用清水冲洗或用砂纸磨光),再在阳极周围和上部各加100 mm厚的细土,并均匀浇水,使之湿透,最后覆土填平。

第三节　电化学保护Ⅱ——外加电流保护

阴极保护除了牺牲阳极阴极保护外,还有一种外加电流阴极保护,是将被保护的金属设备与直流电源的负极相接,进行阴极极化,以达到保护效果。

一、外加电流保护原理

外加电流的阴极保护又称强制阴极保护,是将被保护的金属结构整体连接在电源负极,通以阴极电流,阳极为一个难溶性的辅助件,二者组成宏观电池,实现阴极保护,其实质是使被保护的金属构件发生阴极极化。

如图4-8所示,不考虑腐蚀原电池的回路电阻。在未通电流保护以前,腐蚀原电池的自然腐蚀电位为E_e,相应的最大腐蚀电流为I_e。通上外加电流后,由电解质流入阴极的电流量增加,由于阴极的进一步极化,其电位降低。如流入阴极的电流为I_D,则其电位降为E',此时由原来阳极流出的腐蚀电流将由I_e降至I'。I_D与I'的差值就是由辅助阳极流出的外加电流。为了使金属构筑物得到完全保护,即没有腐蚀电流从其上流出,就需进一步将阴极极化到使总电位降至等于阳极的初始电位 E_a^0,此时外加的保护电流值为 I_P。从图上可以看出,要达到完全保护,外加的保护电流要比原来的腐蚀电流大得多。

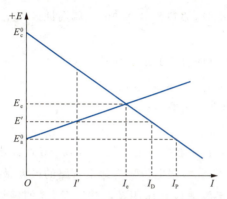

图 4-8　外加电流保护原理示意图

E_c^0—阴极开路电位;E_a^0—阳极开路电位;E_e—自然腐蚀电位;

I_e—最大腐蚀电流;I'—对应电位 E' 的腐蚀电流;I_P—保护电流

显然,保护电流 I_P 与最大腐蚀电流 I_e 的差值取决于腐蚀原电池的控制因素。受阴极极化控制时,二者的差值要比受阳极极化控制时小得多。因此,采用阴极保护经济效果更好。

外加电流保护结构如图 4-9 所示。

外加电流保护与牺牲阳极保护的实质是相同的,其差异在于:

(1)外加电流保护的辅助阳极的电极电位可以和被保护金属的电极电位相同,甚至

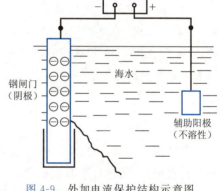

图 4-9　外加电流保护结构示意图

可以比其更正。一般情况下,采用的外加辅助阳极是高硅铸铁、石墨等,其电极电位均比钢管的电极电位高。

(2)外加电流保护的极化程度比牺牲阳极保护的更大,但两者均是借助外加电流使金属电极电位发生阴极极化,即阴极电极电位向负方向偏移。

二、外加电流阴极保护基本参数

外加电流阴极保护中,一般采用最小保护电流密度和最小保护电位这两个参数来保证阴极极化的程度是否在合理范围之内,并判定能否达到完全保护的标准。

1. 最小保护电流密度

对金属外加某一数值的电流密度(mA/m^2),使金属任一点都没有腐蚀电流流入

土壤,此时的电流密度称为最小保护电流密度。

一般各处保护电流密度大于最小保护电流密度时,金属得到完全保护。

2. 最小保护电位

对金属进行阴极保护时,加到金属上并使金属腐蚀过程完全停止时的电位值称为最小保护电位。

一般根据经验,地下钢质管道的最小保护电位 $E'_{min} = -0.85$ V(相对于 $CuSO_4$ 参比电极),有细菌存在时 $E'_{min} = -0.95$ V。

另外,还需要了解以下几个概念:

(1) 最大保护电位 E'_{max}。

最大保护电位是加到管路通电点的电位极限值。在此极限电位下,管路上的防腐蚀绝缘层仍不致遭到破坏,此极限电位称为地下管路的最大保护电位。如果通电电位大于 E'_{max}(绝对值),由于氢去极化作用及电渗现象,会使绝缘层发生分层而遭到破坏,并且氢原子有可能渗入钢管体内,导致钢管发生氢脆。

▌**实 例**

钢在海水中的保护电位在 $-0.90 \sim -0.80$ V(相对于银/氯化银/海水参比电极)。当电位比 -0.80 V 更正时,钢不能得到完全保护,所以该值又称为最小保护电位;当电位比 -0.90 V 更负时(-1.0 V 以下,$E_{阴} < E_H$),阴极(即钢)上可能析氢,因而有发生氢脆的危险。

(2) 自然电位 E_e。

电解液的组成、温度等影响电极电位的因素维持在自然状态时,金属的电极电位称为自然电位,又称自然腐蚀电位。

对于地下管道来说,自然电位就是未加阴极保护时钢管对地电位(管地电位)。

(3) 总电位 E_0。

加阴极保护后测出的管地电位称为总电位,即阴极极化后的电位。

(4) 外加电位 E。

外加电位又称偏移电位、极化电位。总电位与自然电位之差称为外加电位,即

$$E = E_0 - E_e$$

三、外加电流阴极保护计算

1. 计算内容

(1) 保护长度以及阴极保护站数。

根据最大、最小保护电位,求出一个阴极保护站所能保护的管路长度,即保护长度,由保护长度可确定管路沿线需要设多少个阴极保护站。

（2）阴极保护站电源功率。

根据阴极保护站的总电压和总电流计算所需电源功率，由此选择阴极保护站的电器设备。

为求得保护长度，必须知道当对管路加入某一外加电位后（当然不能超过最大保护电位），经过多长距离此电位降到最小保护电位。也就是说，必须知道管路沿线外加电位的分布规律。根据管路沿线外加电位的分布规律，即可知道电流分布规律，这样由电位和电流就可求得阴极保护站的电源功率。

2. 外加电位和电流的分布规律

如图 4-10 所示，外加电流的电源正极接辅助阳极，负极接在被保护管段的中央，这一点称为汇流点或通电点。电流自电源正极流出，经阳极和大地流至汇流点两侧管道，在两侧金属管壁中流动的电流是流向汇流点的。因此，沿线电流密度和电位的分布是不均匀的。为了在理论上推导出汇流点处的管道沿线电位分布的基本公式，需做出以下假设。

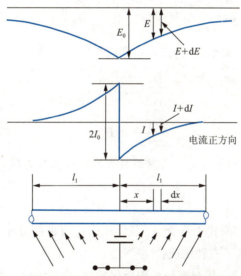

图 4-10　外加电流阴极保护计算示意图

（1）管道防腐层均匀一致，并具有良好的电绝缘性能，与土壤接触且土质均匀一致，因此管道沿线各点的单位面积过渡电阻相等。过渡电阻是指电流从土壤沿径向流入管道时的电阻，其数值主要取决于防腐层电阻。

（2）电流经过土壤，由于土壤截面积大，故土壤电阻忽略不计。

（3）土壤电位为零。

上述假设条件虽然不十分符合实际情况，但可在实际计算中做相应的修正。

在离汇流点 x 处的地方取一微元段 dx，如图 4-10 所示，设 dx 小段的管道电位为 E（管对地电位），土壤电位为零，并设过渡电阻为 R_T，则由土壤流入 dx 小段管路的电流为：

$$dI = -\frac{E}{R_{\mathrm{T}}}dx \qquad (4\text{-}10)$$

式中，负号表示向着汇流点，与 x 方向相反。上式可改写为：

$$\frac{dI}{dx} = -\frac{E}{R_{\mathrm{T}}} \qquad (4\text{-}11)$$

另一方面，电流流过该小段管路时，由于管路本身的电阻，将产生一个电压降。设流过 dx 小段管路的平均电流为 I，单位长度钢管的电阻为 r_{T}，电流流过 dx 小段管路的电压降为：

$$dE = -Ir_{\mathrm{T}}dx \quad \text{或} \quad \frac{dE}{dx} = -Ir_{\mathrm{T}} \qquad (4\text{-}12)$$

式中，带负号是因为 x 方向与电流方向相反。

对式(4-11)、式(4-12)两式取导数得：

$$\frac{d^2 I}{dx^2} = -\frac{1}{R_{\mathrm{T}}}\frac{dE}{dx} = \frac{r_{\mathrm{T}}}{R_{\mathrm{T}}}I \qquad (4\text{-}13)$$

$$\frac{d^2 E}{dx^2} = -r_{\mathrm{T}}\frac{dI}{dx} = \frac{r_{\mathrm{T}}}{R_{\mathrm{T}}}E \qquad (4\text{-}14)$$

设 $\dfrac{r_{\mathrm{T}}}{R_{\mathrm{T}}} = a^2$，$a$ 为衰减系数，代入以上两式得：

$$\frac{d^2 I}{dx^2} - a^2 I = 0 \qquad (4\text{-}15)$$

$$\frac{d^2 E}{dx^2} - a^2 E = 0 \qquad (4\text{-}16)$$

式(4-15)和式(4-16)两式为二阶常系数齐次线性微分方程，其通解为：

$$I = A_1 e^{ax} + B_1 e^{-ax} \qquad (4\text{-}17)$$

$$E = A_2 e^{ax} + B_2 e^{-ax} \qquad (4\text{-}18)$$

式(4-17)、式(4-18)两式中系数 A_1，A_2，B_1，B_2 可根据边界条件求得。

通常边界条件有以下三种情况：

(1) 无限长管道，即全线只有一个阴极保护站，线路上没有绝缘法兰。

(2) 有限长管道，即全线上有若干个阴极保护站，相邻站间管道由两站联合保护。

(3) 保护段终点处有绝缘法兰。一般设有阴极保护站的管道在进入泵站或油库之前需装设绝缘法兰，以免保护电流流入站内，造成电流损失或干扰库内、站内设施。

下面主要对前两种边界条件进行分析，以确定系数 A_1，A_2，B_1，B_2。

3. 无限长管路的计算

保护电流沿着管段长度的分布规律取决于保护对象及阳极地床的安装位置。假如在一条无分支有涂层的管道上只建立一座阴极保护站，且被保护管段与其余管段不做电气绝缘的话，那么电位沿着管道的分布具有如图 4-11 所示的形式。

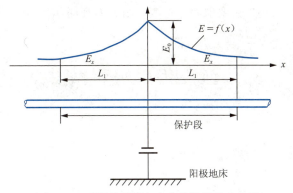

图 4-11 无限长管路上电位沿管段分布曲线

这种保护管路称为无限长管路,而用来保护这种管路的阴极保护站就称为无限长的保护站。

其边界条件为:在汇流点处,$x=0$,$I=I_0$,$E=E_0$(I_0 为管道一侧的电流);距汇流点无限远处,$x \to \infty$,$I=0$,$E=0$。

将上述边界条件代入式(4-17)得:

$$x=0 \qquad I_0 = A_1 + B_1$$

$$x \to \infty \qquad 0 = A_1 \mathrm{e}^{\infty}$$

联立解二式得:

$$A_1 = 0 \qquad B_1 = I_0$$

即电流分布规律为:

$$I = I_0 \mathrm{e}^{-ax} \tag{4-19}$$

同理将边界条件代入式(4-18)得到电压分布规律为:

$$E = E_0 \mathrm{e}^{-ax} \tag{4-20}$$

式(4-19)和(4-20)就是无限长管路外加电流和电压的计算公式,由这两个公式可做出管路沿线外加电位和电流分布曲线。

必须注意的是,I_0 只是从汇流点(也称为通电点)一侧流过来的电流,从另一侧流过来的电流也是 I_0,因此,集中到汇流点的总电流为 $2I_0$。也就是说,汇流点给出的总电流是 $2I_0$。

分析式(4-19)、式(4-20)可知:

(1)管路上外加电位和电流按指数函数的形式变化,其特点是:汇流点附近的电位和电流下降较快,离汇流点越远,下降越慢。

(2)曲线下降的快慢(电位、电流的变化梯度)取决于衰减系数 $a = \sqrt{\dfrac{r_\mathrm{T}}{R_\mathrm{T}}}$。式中,$r_\mathrm{T}$ 为单位长度金属管道的纵向电阻,Ω/m;R_T 为单位长度管道的过渡电阻,$\Omega \cdot \mathrm{m}$。由于 r_T 变化不大,因此主要取决于 R_T,而在过渡电阻中起决定作用的是绝缘层电阻,所以绝缘层的电阻越大,即 R_T 越大,曲线越平坦,R_T 越小,曲线越陡。

（3）电流 I_0 的大小也主要取决于过渡电阻 R_T，证明如下：

将 $E = E_0 \mathrm{e}^{-ax}$ 代入 $\dfrac{\mathrm{d}E}{\mathrm{d}x} = -Ir_T$ 得：

$$-Ir_T = \frac{\mathrm{d}E}{\mathrm{d}x} = \frac{\mathrm{d}(E_0 \mathrm{e}^{-ax})}{\mathrm{d}x} = E_0 \mathrm{e}^{-ax}(-a) \qquad (4\text{-}21)$$

$$I = \frac{aE_0}{r_T} \mathrm{e}^{-ax} \qquad (4\text{-}22)$$

在汇流点处，$x = 0$，$I = I_0$，代入上式得：

$$I_0 = \frac{aE_0}{r_T} = \frac{1}{r_T}\sqrt{\frac{r_T}{R_T}}E_0 = \frac{E_0}{\sqrt{R_T r_T}} = \frac{E_0}{R_p} \qquad (4\text{-}23)$$

$$R_p = \sqrt{R_T r_T}$$

从上式可以看出，如果 R_T 越小，则 I_0 越大。这说明如果绝缘层质量不好，则所需保护电流较大，从而增加电能消耗。

（4）无限长管路的保护长度。

在汇流点处，$x = 0$ 电位，$E_0 = E_{\max}$；将 $x = L_{\max}$，$E = E_{\min}$ 代入式（4-20）得：

$$E_{\min} = E_{\max} \mathrm{e}^{-aL_{\max}} \qquad (4\text{-}24)$$

$$L_{\max} = \frac{1}{a}\ln\frac{E_{\max}}{E_{\min}} \qquad (4\text{-}25)$$

从上式可以看出，保护长度也取决于绝缘层的质量，R_T 越大，a 值就越小，$L_{\max}$ 就越大，如果无绝缘层，则 $L_{\max}$ 将很短。

4. 有限长管路的计算

当管路沿线有多个阴极保护站时，这种管路称为有限长管路，其特点在于有限长管路上两个相邻阴极保护站之间的管段，其外加电位和电流的变化受两个站的共同作用，由于两个站的相互影响将使外加电位的变化曲线抬高。

如图 4-12 所示，在两个汇流点中间可认为是两个阴极保护站的分界点（电位变化曲线的转折点），在此点近似地认为电流等于零。

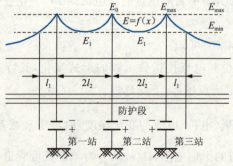

图 4-12　有限长管道沿线电位分布曲线

在上述情况下，边界条件为：

当 $x=0$ 时，$E=E_0$，$I=I_0$；

当 $x=l_2$ 时，$\dfrac{\mathrm{d}E}{\mathrm{d}x}=0$（转折点），$I=0$（由 $-Ir_\mathrm{T}=\dfrac{\mathrm{d}E}{\mathrm{d}x}$ 导出）。

将以上的边界条件代入式(4-18)，可得系数 A_2，B_2。

$$
\begin{cases}
x=0 & E_0=A_2+B_2 \\
x=l_2 & \dfrac{\mathrm{d}E}{\mathrm{d}x}=A_2 a\,\mathrm{e}^{al_2}-B_2 a\,\mathrm{e}^{-al_2}
\end{cases}
$$

联立求解上面的方程组可得到：

$$
A_2=\frac{E_0\,\mathrm{e}^{-al_2}}{\mathrm{e}^{al_2}+\mathrm{e}^{-al_2}}
$$

$$
B_2=\frac{E_0\,\mathrm{e}^{al_2}}{\mathrm{e}^{al_2}+\mathrm{e}^{-al_2}}
$$

由于双曲余弦和双曲正弦函数为：

$$
\mathrm{ch}(x)=\frac{\mathrm{e}^x+\mathrm{e}^{-x}}{2}
$$

$$
\mathrm{sh}(x)=\frac{\mathrm{e}^x-\mathrm{e}^{-x}}{2}
$$

所以有：

$$
A_2=\frac{E_0\,\mathrm{e}^{-al_2}}{2\mathrm{ch}(al_2)} \qquad B_2=\frac{E_0\,\mathrm{e}^{al_2}}{2\mathrm{ch}(al_2)}
$$

同理可求出系数 A_1 和 B_1，把所求得系数代入式(4-17)、式(4-18)得：

$$
I=I_0\frac{\mathrm{sh}[a(l_2-x)]}{\mathrm{sh}(al_2)} \tag{4-26}
$$

$$
E=E_0\frac{\mathrm{ch}[a(l_2-x)]}{\mathrm{ch}(al_2)} \tag{4-27}
$$

对式(4-26)、式(4-27)进行分析：

(1) 与无限长管路的计算公式进行对比可知，有限长管路的 E 和 I 的变化比较缓慢（因前者变量 x 在指数上，后者在分子上）。

(2) 在相同条件下，有限长管路所需电流 I_0 比无限长管路小。

证明如下：

由式(4-12)和式(4-27)得：

$$
\begin{aligned}
I &= -\frac{1}{r_\mathrm{T}}\frac{\mathrm{d}E}{\mathrm{d}x}=-\frac{1}{r_\mathrm{T}}\frac{\mathrm{d}}{\mathrm{d}x}\left\{E_0\frac{\mathrm{ch}[a(l_2-x)]}{\mathrm{ch}(al_2)}\right\} \\
&= -\frac{1}{r_\mathrm{T}}\frac{E_0}{\mathrm{ch}(al_2)}\{-a\,\mathrm{sh}[a(l_2-x)]\} \\
&= \frac{E_0}{\sqrt{r_\mathrm{T}R_\mathrm{T}}}\frac{\mathrm{sh}[a(l_2-x)]}{\mathrm{ch}(al_2)}
\end{aligned}
$$

在汇流点处,$x=0,I=I_0$,代入上式得:

$$I_0 = \frac{E_0}{\sqrt{r_T R_T}} \frac{\text{sh}(al_2)}{\text{ch}(al_2)} = \frac{E_0}{\sqrt{r_T R_T}} \text{th}(al_2) \quad (4-28)$$

对比式(4-23)和式(4-28)可以看出,由于 $R_T \gg r_T$,故 $a = \sqrt{\frac{r_T}{R_T}} \ll 1$,因此 th$(al_2)$ <1(在保护范围内)。这说明在同样的外加电位条件下,有限长管路所消耗的电能少。

(3) 将 E_{min},E_{max} 代入式(4-27)可求得有限长管路一侧的保护长度:

$$x=0, E_0 = E_{max}; x = L_{max}, E = E_{min}$$

$$E_{min} = E_{max} \frac{1}{\text{ch}(aL_{max})}$$

$$L_{max} = \frac{1}{a} \text{arch} \frac{E_{max}}{E_{min}}$$

因为:

$$\text{arch}\, x = \ln(x + \sqrt{x^2 - 1})$$

所以有:

$$L_{max} = \frac{1}{a} \ln \left[\frac{E_{max}}{E_{min}} + \sqrt{\left(\frac{E_{max}}{E_{min}}\right)^2 - 1} \right] \quad (4-29)$$

对比有限长管路和无限长管路的保护长度公式可以看出,在同样条件下有限长管路的保护长度较无限长管路长。在有绝缘法兰的情况下,可近似地按有限长管路计算;在无绝缘法兰的情况下,可近似地按无限长管路计算。

在实际计算保护长度时应考虑土壤电阻率 ρ 和阳极地床距汇流点的距离 y,因此,保护长度应按下式计算:

$$L_{max} = \frac{1}{a} \ln \frac{2\pi yz}{k \frac{E_{min}}{E_{max}}(2\pi yz + \rho) - \frac{1}{k} \frac{\rho y}{L_{max}}} \quad (4-30)$$

式中　a——衰减系数,1/m;

y——汇流点与阳极地床间的垂直距离,m;

z——管路输入电阻,Ω,其中,$z = \frac{R_p}{2}$,$R_p = \frac{\sqrt{R_T r_T}}{\text{th}(aL_{max})}$(有限长管路),$R_p = \sqrt{R_T r_T}$(无限长管路);

k——相邻站的影响系数(在实际计算中多个站取 $k=0.5$,当只有一个站时取 $k=1$);

ρ——土壤电阻率,$\Omega \cdot$m。

式(4-30)用逐次逼近法求解,如果公式中的 $\frac{\rho y}{L_{max} k}$ 项的数值很小,则不予考虑,于是简化为:

$$L_{\max} = \frac{1}{a} \ln \frac{E_{\max}}{k E_{\min} \left(1 + \dfrac{\rho}{2\pi yz}\right)} \tag{4-31}$$

5. 阳极地床的计算

(1) 材料要求。

在理论上任何导电材料都可以作为阳极地床的材料,但从经济上考虑,所选的材料最好同时具有较低消耗率和较低价格的特点,主要有以下几点要求:

① 抗腐蚀性强,这样可减少阳极材料的消耗,从而减少更换的麻烦。

② 阳极地床接地电阻尽可能小,因为阴极保护站的功率主要消耗在阳极地床上(60%～70%),因此一般不宜超过 1 Ω,在设计时一般取 0.5 Ω 左右。

③ 取材方便,容易加工,价格便宜,经济成本小。

目前常用的阳极地床材料有:碳素钢、铸铁、高硅铸铁、石墨等。其性能对比见表4-5。

表 4-5　常用阳极地床材料和性能

阳极地床材料	消耗率 /(kg·A⁻¹·a⁻¹)	推荐电流密度/(mA·cm⁻²)		
		淡　水	土壤有填料	土壤无填料
碳素钢	6.8～9.1	—	0.5	
铸　铁	4.5～6.8	—	0.5	
高硅铸铁	0.25～1.0	12.0	6.0	0.6
石　墨	0.05～0.2	0.25	1.0	

(2) 阳极地床结构。

阳极地床主要有水平式和立式(垂直式)两种,其中以立式最普通,如图 4-13 所示。

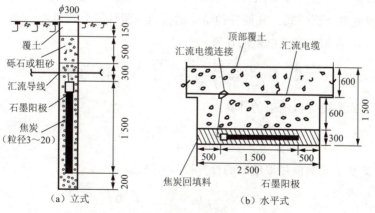

图 4-13　阳极地床结构示意图(mm)

(3) 阳极地床总质量及工作寿命。

根据所选阳极地床材料可知道阳极的消耗率,按规定的使用年限,就可计算出所

需的阳极总质量 G。

$$G = gTIK \tag{4-32}$$

式中　G——所需的阳极总质量，kg；

　　　g——阳极消耗率，kg/(A·a)，查表 4-6；

　　　I——从阳极流出的电流，A，$I = 2I_0$；

　　　K——储备系数，$K = 1.1 \sim 1.3$；

　　　T——使用年限，a。

根据所选的阳极规格（长度、直径或单重）就可知道所需阳极的根数。

经上式转化得阳极的工作寿命计算公式：

$$T = \frac{G}{KgI} \tag{4-33}$$

表 4-6　常用辅助阳极的性能

阳极材料	允许电流密度/(A·m^{-2})		消耗率/(kg·A^{-1}·a^{-1})	
	土　壤	水　中	土　壤	水　中
废钢铁	5.4	5.4	8.0	10.0
废铸铁	5.4	5.4	6.0	6.0
高硅铸铁	32	32~43	<0.1	0.1
石　墨	11	21.05	0.25	0.5
磁性氧化铁	10	400	约0.1	约0.1
镀铂钛	400	1 000	6×10^{-6}	6×10^{-6}

（4）阳极地床接地电阻。

为了减少外加电能在阳极地床上的消耗，希望阳极地床有较小的接地电阻。一般要求阳极地床接地电阻 $R < 1\,\Omega$（设计时一般取 0.5 Ω）。下面介绍三种常用埋设方式的阳极接地电阻计算公式。其他各种结构的接地电阻计算公式可参见相关手册。

① 单支立式阳极接地电阻的计算：

$$R_{V1} = \frac{\rho}{2\pi L} \ln \frac{2L}{d} \sqrt{\frac{4t + 3L}{4t + L}} \qquad (t \gg d) \tag{4-34}$$

② 深埋式阳极接地电阻的计算：

$$R_{V2} = \frac{\rho}{2\pi L} \ln \frac{2L}{d} \qquad (t \gg L) \tag{4-35}$$

③ 单支水平式阳极接地电阻的计算：

$$R_H = \frac{\rho}{2\pi L} \ln \frac{L^2}{td} \qquad (t \ll L) \tag{4-36}$$

式中　R_{V1}——单支立式阳极接地电阻，Ω；

　　　R_{V2}——深埋式阳极接地电阻，Ω；

　　　R_H——单支水平式阳极接地电阻，Ω；

L——阳极长度(含填料),m;

d——阳极直径(含填料),m;

t——埋深,m;

ρ——土壤电阻率,$\Omega \cdot m$。

④ 组合阳极接地电阻的计算:

$$R_g = F \frac{R_V}{n} \tag{4-37}$$

式中 R_g——阳极组接地电阻,Ω;

n——阳极支数;

F——修正系数(查图 4-14);

R_V——单支阳极接地电阻,Ω。

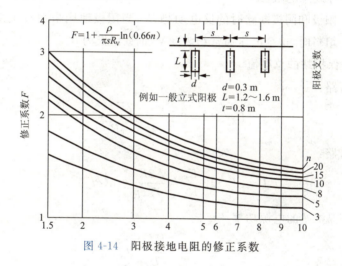

图 4-14 阳极接地电阻的修正系数

6. 阴极保护站相关参数计算

(1) 阴极保护站的总电压。

阴极保护站的总电压 U 由以下几部分组成,如图 4-15 所示。

① 电流流经阳极地床的电压降(占总压降的 60%~70%)为:

$$U_1 = IR_a = 2I_0 R_a$$

② 电流从土壤流入,经绝缘层、管道的电压降为:

$$U_2 = I_0 R_P = IR_P/2 = IR_C$$

由前述可知,在 R_C 中包含有绝缘层电阻,与施工质量有关,计算时可取绝缘层电阻为 2 000~10 000 $\Omega \cdot m^2$。

③ 电流流经导线所产生的电压降为:

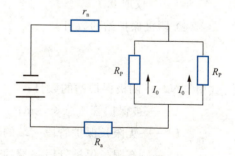

图 4-15 阴极保护站的总电压 U

R_a—阳极接地电阻;

R_P—绝缘层、管道电阻;r_n—导线电阻

$$U_3 = Ir_n = 2I_0 r_n$$

导线的电压降占总压降的 $20\% \sim 30\%$，为减少导线的电压降，其截面积不宜小于 $16\ mm^2$，采用 $35 \sim 37\ mm^2$ 的导线为宜。

电源必须提供的总电压为：

$$U = U_1 + U_2 + U_3 + V_r = I(R_a + R_C + r_n) + V_r \tag{4-38}$$

式中　R_a——阳极接地电阻，Ω；

　　　R_C——阴极土壤界面的过渡电阻，Ω，对于无限长管道 $R_C = \dfrac{\sqrt{R_T r_T}}{2}$，对于有限

　　　　　　长管道 $R_C = \dfrac{\sqrt{R_T r_T}}{2\mathrm{th}(al_2)}$；

　　　r_n——导线总电阻，Ω；

　　　V_r——阳极和阴极断路时的反电动势，V，当阳极地床采用石墨阳极或焦炭回
　　　　　　填料时，这个电压通常约为 $2\ V$，钢铁阳极为 0。

（2）阴极保护站的总电流。

无限长管路：

$$I = 2I_0 = 2\frac{E_0}{R_P} = \frac{2E_0}{\sqrt{r_T R_T}}$$

有限长管路：

$$I = 2I_0 = 2\frac{E_0}{R_P} = \frac{2E_0}{\sqrt{r_T R_T}}\mathrm{th}(al_2)$$

（3）阴极保护站的电源功率。

$$W = \frac{IU}{\eta} \tag{4-39}$$

式中　η——电源效率。对于硅整流器 η 取 0.8；硒整流器取 $0.6 \sim 0.7$；可控硅恒电位
　　　　　　仪取 0.7。

（4）阴极保护站的数目。

$$N = \frac{L - 2L_1}{2l_2} + 1 \tag{4-40}$$

式中　N——阴极保护站的数目；

　　　L——被保护管道总长，km；

　　　L_1——无限长保护管段一端的长度，km；

　　　L_2——有限长保护管段一端的长度，km。

特别提示 ▶▶

为使所选设备在运行中留有充分余地，设计时一般按计算功率的 $2 \sim 3$ 倍来选购电源设备。

管道外加电流阴极保护计算举例

已知有一条长 50 km，$\phi720\times8$ mm，16 锰钢电阻为 $0.224(\Omega\cdot mm^2)/m^2$ 的输油管道，两端装有绝缘法兰，管道防腐涂层面电阻 $r_1=10^4\ \Omega$，在它的中点建一座阴极保护站。管道自然腐蚀电位为 -0.55 V，汇流点电位规定为 -1.20 V。阳极地床与汇流点的垂直距离 $y=500$ m，阳极区土壤电阻率为 20 $\Omega\cdot m$，阳极地床为联合式，用 $\phi75\times4.5$ mm 废钢管（7.93 kg/m）制成，接地电阻为 0.47 Ω，所需钢管总长 68 m。阳极架空导线选用 LJ-50 裸铝绞线，总长 550 m（LJ-50 每千米电阻为 0.64 Ω）。试求：

（1）管道末端保护电位；

（2）管道保护长度；

（3）阳极地床使用寿命；

（4）阴极保护电源输出电流、电压，并选用合适的电源设备。

解

（1）管道末端保护电位。

根据题意本管段可视为无分支有限长管道，则管道末端电位为：

$$E_{min}=E_{max}\frac{1}{ch(aL_{max})}$$

式中，$E_{max}=-1.20$ V（硫酸铜参比电极测定），换算为偏移电位得：

$$E_{max}=-1.20-(-0.55)=-0.65\ (V)$$

衰减系数 a 由公式 $a=\sqrt{\dfrac{r_T}{R_T}}$ 计算得：

$$r_T=\frac{r_0}{\pi(D-T)T}=\frac{0.224}{3.14\times(720-8)\times8}$$
$$=1.25\times10^{-5}\ (\Omega/m)$$

式中，r_0 为 16 锰钢电阻率；T 为管道壁厚。

$$R_T=\frac{r_1}{\pi D}=\frac{10^4\times10^3}{3.14\times720}=4\ 423\ (\Omega/m)$$

$$a=\sqrt{\frac{12.5\times10^{-6}}{4\ 423}}=5.32\times10^{-5}$$

阴极保护站建在管道中点即 $L_{max}=25$ km 处。

将以上数值代入 $E_{min}=E_{max}\dfrac{1}{ch(aL_{max})}$ 得：

$$E_{min}=\frac{-0.65}{ch(5.32\times10^{-5}\times25\ 000)}=-0.32\ (V)$$

此值换算为管道末端保护电位等于 -0.87 V，负于 -0.85 V，故管道受到了完全保护。

（2）管道保护长度。

由公式 $L_{max}=\dfrac{1}{a}\text{arch}\dfrac{E_{max}}{E_{min}}$ 得：

$$L_{max}=\frac{1}{5.32\times10^{-5}}\text{arch}\frac{0.65}{0.32}=25.1\text{（km）}$$

此值大于 25 km，同样管道两端均能达到完全保护。

（3）阳极地床使用寿命。

阳极地床使用寿命由式（4-33）计算：

$$T=\frac{G}{KgI} \tag{4-33}$$

式中，G 为阳极地床钢管总质量，由题意知阳极地床共需由 $\phi75\times4.5$ mm 钢管 68 m，计算得总质量等于 539 kg；K 为安全系数取 1.3；g 为消耗率取 9.8 kg/（A·a）；I 为阳极输出电流，用式（4-28）计算：

$$I=2I_0=\frac{2E_0}{\sqrt{r_T R_T}}\text{th}(al_2)=\frac{2\times0.65}{\sqrt{12.5\times10^{-6}\times4\ 423}}\text{th}(5.32\times10^{-5}\times25\ 000)$$

$$=4.8\text{（A）}$$

将已知数值代入式（4-33）得：$T=8.8$ a，即阳极地床的使用寿命为 8.8 a。

（4）计算阴极保护电源输出电流、电压，并选用合适的电源设备。

① 电源输出电流：阴极保护电流等于阳极地床输出电流 4.8 A。

② 电源输出电压为：

$$U=U_1+U_2+U_3+V_r=I(R_a+R_C+r_n)+V_r \tag{4-38}$$

由已知条件知，阳极导线电阻 $r_n=0.64\times550\times10^{-3}=0.352\ \Omega$；阳极接地电阻为 0.47 Ω。

对于有限长管道，阴极土壤界面的过渡电阻为：

$$R_C=\frac{\sqrt{R_T r_T}}{2\text{th}(al_2)}=\frac{\sqrt{12.5\times10^{-6}\times4\ 423}}{2\text{th}(5.32\times10^{-5}\times25\ 000)}=0.135\text{（}\Omega\text{）}$$

将上述数值代入式（4-38）得：

$$U=4.8\times(0.352+0.47+0.135)+0=4.59\text{（V）}$$

③ 交流电源输入功率为：

$$W=\frac{IU}{\eta}=\frac{4.59\times4.8}{0.50}=44\text{（W）}\quad\text{（}\eta\text{ 取 0.50）}$$

④ 选择电源设备。

根据所需的输出电压、输出电流，并考虑到管道防腐涂层老化以及阳极地床接地电阻随时间增加等因素，电源功率应有一定裕量。故选用 KKG-3A 型可控硅恒电位仪作为阴极保护设备，该仪器规格为：交流输入，220 V；直流输出，12 V，10 A。

四、扩大保护区方法

在相同条件下,提高汇流点外加电位可以扩大阴极保护站的保护范围,但是汇流点电位受管道防腐涂层阴极剥离指标的限制,即对某一材料的管道防腐涂层,其最负保护电位是一定值,超过此值势必造成涂层的破坏。例如,对石油沥青防腐涂层来讲,它的最负保护电位不得超过 -1.50 V。为了在不损坏管道汇流点附近防腐涂层的条件下提高通汇流电位,延长管道阴极保护长度,可以利用电位迭加原理来达到这个目的。

以下两种方法可使过高的外加负电位降低到允许的范围之内以扩大阴极保护站的保护范围。

1. *屏蔽接地*

在汇流点附近的管道上连接一定数量的接地极,就构成有屏蔽接地的阴极保护装置;也可从直流电源负极直接引至屏蔽接地极上,如图 4-16 所示。

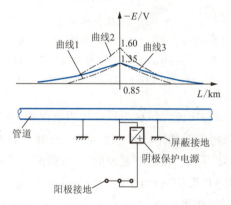

图 4-16　有屏蔽接地的阴极保护装置及电位分布曲线

曲线 1—汇流点电位为 -1.35 V 时,管地电位分布曲线;

曲线 2—汇流点电位为 -1.60 V 时,管地电位分布曲线;

曲线 3—接入屏蔽接地后,管地电位分布曲线

把屏蔽接地和管道(电源负极)接通之前,当给予汇流点的管地电位差的数值较大时,阴极保护管段有显著延长,如图 4-16 中曲线 2 所示,此时汇流点附近的管地电位将超过允许值。当屏蔽接地连到管道上时,从阳极地床流来的部分电流不是经过管道周围的土壤而是经过屏蔽接地进入管道流回电源负极。这就降低了该管段的阴极极化电位。此时在有屏蔽接地的管段上,汇流点附近的电位偏移值回到安全数值以内。但在远离屏蔽接地的管道上管地电位的偏移值基本上仍按曲线 2 分布,如图 4-16 中曲线 3 所示。管道阴极保护的实际保护长度大约等于汇流点电位超过最负电位值(图 4-16 中为 -1.60 V)时的保护长度,因而起到延长保护距离的作用。

另外,屏蔽接地有直接接地和间接接地两种形式。

2. 反电位

在阴极保护站上除原来的电源（称主电源）和接地阳极外，另设一个附加电源和附加接地电极。附加电源的正端与管路相连，负端与附加接地电极相连，称附加电源为反电源，附加接地电极为接地阴极，以区别于原来的主电源和接地阳极，接地阴极与管路的距离要比接地阳极近得多，如图 4-17 所示。

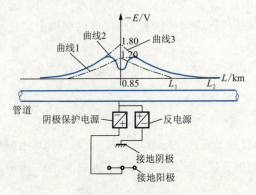

图 4-17　反电位示意图

曲线 1—汇流点电位为 −1.20 V 时，管地电位分布曲线；

曲线 2—汇流点电位为 −1.80 V 时，管地电位分布曲线；

曲线 3—接入阴极接地后，管地电位分布曲线

有反电源和接地阴极的阴极保护称为反电位阴极保护，它能扩大阴极保护区。原因是：反电源和接地阴极将在管路沿线建立正电位，正电位的沿线变化曲线比主电源建立的负电位分布曲线陡得多。在两个电源的共同作用下，管路沿线各处的总电位值是上述两个正负电位的绝对值相减，由于负电位值大于正电位值，故管路上总电位均为负值；又由于正电位变化曲线很陡，故在汇流点处总电位值比原来的负电位值小很多，而在离汇流点较远处，总电位值与原来负电位值接近，所得的管路沿线总电位变化曲线比原来管路负电位变化曲线平缓得多。

在图 4-17 中，曲线 1 为主电源单独工作时的管路沿线电位变化曲线，汇流点电位为最大保护电位 −1.20 V。曲线 2 为两个电源共同作用下的电位分布曲线，由于正电位的影响，汇流点处负电位的削减最多，峰值电位移向汇流点两侧，两侧的峰值电位不应超出最大保护电位的允许值。采用反电位法后，保护距离由 L_1 增加到 L_2。曲线 3 为没有反电源要达到保护距离 L_2 时的电位分布曲线，显然该汇流点电位已大大超出最大保护电位的数值，由 −1.20 V 变为 −1.80 V。由此可见，利用反电位能有效地削减汇流点处的峰值电位，以达到增大保护距离的目的。

经验结果表明，采用反电位阴极保护，在一定条件下保护距离可增大 1 倍以上。但应用反电位装置时需注意以下几点：

（1）反电位装置必须有第二电源。

（2）阴极保护电源不可用恒电位仪。

（3）当接通反电源时，反电源与主电源必须相互联锁（即主电源破坏时，反电源自动切断），以免造成管路反而被腐蚀的后果。

（4）对于涂层质量差的管道效果不理想。

五、阴极保护的两种方法比较

阴极保护的两种方法防腐蚀效果都很好，但二者各有利弊，可根据具体情况斟酌使用。阴极保护的两种方法比较见表 4-7。

表 4-7　阴极保护的两种方法比较

项　目	外加电流法	牺牲阳极法
电　源	需变压器、整流器	无　需
导线电阻影响	小	大
电流自动调节能力	大	小（用镁）
寿　命	半永久性	一　时
电源稳定性	好	容易变动
管　理	必　要	不　要
初始经费	多	少
维持费	需耗电费用	不　要
用　途	陆地上及淡水中	海洋上

外加电流保护的优点是可以调节电流和电压，适用范围广，可用于要求大电流的情况，在使用不溶性阳极时装置耐久。其缺点是需要较多的操作费用，必须经常维护检修，要有直流电源设备，当附近有其他结构时可能产生干扰腐蚀（地下结构阴极保护时）。

牺牲阳极保护的优点是不用外加电流，故适用于无电源的场合，施工简单，管理方便，对附近设备没有干扰，适用于需要局部保护的场合。其缺点是能产生的有效电位差及输出电流量都是有限的，只适用于需要小电流的场合；调节电流困难，阳极消耗大，需定期更换。

第四节　电化学保护Ⅲ——阳极保护

一、阳极保护的基本原理

阳极保护的基本原理如图 4-18 所示，将外加电源正极与被保护金属构件相连接，使金属发生阳极极化，并使金属达到稳定的钝态，从而降低金属的腐蚀速度，使构件得到保护。显然，阳极保护与金属的钝性有非常密切的关系。

图 4-18 中的 1 表示外加的极化电源,2 表示形成电池回路的辅助电极,3 为被保护的设备(作为电池的工作电极),4 为腐蚀介质。如图 4-19 所示,对于具有钝化行为的金属设备和溶液体系,当外电路接通时对其被保护的金属发生阳极极化,控制电位不断向正向变化,使得腐蚀体系进入钝化区,维持电位恒定在钝化区,达到阳极保护的目的。如果金属的电位向正向移动但不能建立钝态,阳极极化不但不能使设备得到保护,反而会加速腐蚀。

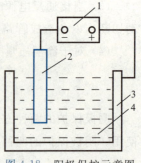

图 4-18 阳极保护示意图

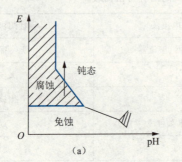 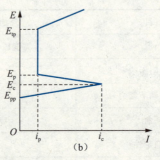

图 4-19 阳极保护原理示意图

i_p—维钝电流密度;i_c—致钝电流密度;E_c—致钝电位;E_{pp}—开路电位;E_p—维钝电位;E_{tp}—过钝化电位

 信 息 岛

金属达到稳定钝态的方法

阳极保护的目的是使金属改变电位而达到稳定的钝态,可以采取下列方法来达到这一目的:

(1) 用外加电源进行阳极极化。

(2) 在溶液中添加氧化剂、有钝化作用的添加剂,如空气中的氧气、三价铁盐、硝酸盐、铬酸盐、重铬酸盐等,能使溶液的氧化-还原电位升高,导致金属的钝化。但要求氧化剂的浓度足够高,否则会加速腐蚀。

(3) 合金的阳极改性,在合金中添加少量的贵金属元素,如钯、铂、钌等,它们起强阴极作用,加速阴极反应,使合金电位正移到钝化区内,从而具有高的耐腐蚀性。在溶液中添加某些金属离子(Pt^{4+},Pd^{2+},Ag^+,Cu^{2+} 等)也有类似的作用,因为这些金属离子在合金表面析出时,可作为强阴极。

二、阳极保护的主要参数

阳极保护的主要参数是围绕着怎样建立钝态和保持钝态而提出的,这些参数主要有致钝电流密度、维钝电流密度、稳定钝化区电位范围和最佳保护电位等。

1. 致钝电流密度 i_c

使金属在给定环境条件下发生钝化所需的最小电流密度(临界电流密度)称为致

钝电流密度,用符号 i_c 表示。

从阳极保护的实用角度来看,希望致钝电流密度不能太大,否则所需电源容量大,投资费用高。实验表明,钝化膜的形成需要一定的电量。对于一定的电量,时间越长,所需的致钝电流密度就越小,因而延长钝化时间,可以减小致钝电流密度。但是电流小于一定数值时,即使无限延长通电时间,也无法建立钝态。例如,在 1 mol 的 H_2SO_4 溶液中,碳钢试样的致钝电流密度与建立钝化所需时间的关系见表 4-8。

表 4-8　碳钢试样的致钝电流密度与建立钝化所需时间的关系

致钝电流密度/(mA·cm^{-2})	建立钝化所需时间/s
2 000	2
500	15
400	60
200	不能钝化

表 4-8 中关系说明致钝电流密度越小,建立钝化所需时间越长,甚至不能钝化。这种现象与电流效率有关,一部分电流用于形成钝化膜,另一部分电流消耗于金属的电解腐蚀。所用的电流密度越大,形成钝化膜的电流效率就越高;所用的电流密度越小,电流效率就越低。当电流密度小到某一值时,电流效率等于零,电流全部消耗于金属的电解腐蚀。因此在应用阳极保护时,致钝电流密度的选择要考虑两个方面的因素:① 减小电源设备的容量,② 选择适当大的电流密度,使钝化时金属不发生大的电解腐蚀。

2. 维钝电流密度 i_p

使金属在给定的环境条件下维持钝态所需的电流密度称为维钝电流密度,用符号 i_p 表示。维钝电流密度的大小表示阳极保护正常操作时耗用电流的多少,同时也决定了金属在阳极保护时的腐蚀速度。i_p 值越小,金属腐蚀速度越小,保护效果越好。

3. 稳定钝化区电位范围

稳定钝化区电位范围指的是钝化过渡区与过钝化区之间的电位范围。超过电位范围会使金属快速溶解。稳定钝化区电位范围越宽越好,不应小于 50 mV,这样电位在较大的数值范围内波动时,不至于有进入活化区或过钝化区的危险。

另外还有一个参数——最佳保护电位,即钝化膜最致密、电阻最大、保护效果最好时的阳极电位。

三、阳极保护参数的测定

在实验室研究中,阳极保护参数的测定装置由恒电位仪、电解池、电流计、电位计组成,如图 4-20 所示。

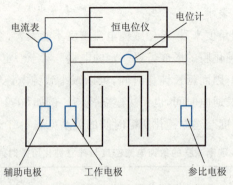

图 4-20　阳极保护参数测定装置示意图

恒电位仪作为直流电源,它能将试样的电极电位恒定在一个给定的数值上,所以在测定极化曲线时,就可以按要求的跨度改变电位,同时记录相应的电流值。恒电位仪测定极化曲线有动电位法和逐点测量法两种方式。

动电位法是连续改变电位,依靠自动记录仪把电位和所对应的电流连续地绘制在记录纸上,得出阳极极化曲线。

逐点测量法是逐点改变电位,然后在该电位值下停留一定时间使所对应的电流值稳定,这样逐点测量和记录,并将各点连接起来绘成一条曲线。

根据测出的阳极极化曲线就可以得到阳极保护参数。

至于最佳保护电位,可以用失重法或其他方法测出在钝化区电位范围内不同电位下试件的腐蚀速度,对应于最小腐蚀速度的电位值就是最佳保护电位。在生产中也可以把电位控制在比过钝化电位负 200 mV 作为最佳保护电位。

四、阳极保护的应用条件

(1) 只适应于活化-钝化金属。

(2) 要求钝化区电位范围不小于 50 mV,致钝电流密度、维钝电流密度合适。

(3) 卤素离子(主要指 Cl^-)浓度不能过高,因为 Cl^- 能局部破坏钝化膜而造成孔蚀,所以不能用阳极保护。

(4) 在酸性介质中或者金属对氢脆很敏感的情况下,宜采用阳极保护。

■ 典型案例

硫酸输送管道阳极保护

硫酸生产系统干吸工序热浓硫酸管道最常采用的是低铬铸铁管、内衬氟塑料管、不锈钢管道等。随着硫酸装置干吸系统采用高温吸收工艺和规模的扩大,干吸循环管道的腐蚀问题日益突出。近年来,阳极保护在浓硫酸长输管线中得以应用。

(1) 电源设备。

电源采用阳极保护恒电位仪,阳极保护控制指标(相对饱和硫酸亚汞电极)见

表 4-9。

表 4-9　阳极保护控制电位指标

项　目	介　质	
	93％硫酸管道	98％硫酸管道
保护管道电位/mV	＋50～＋100	＋200～＋250
监测电位/mV	－50～＋550	0～＋550
高限报警电位/mV	＋600	＋600
低限报警电位/mV	－100	－100

（2）辅助阴极。

辅助阴极是在腐蚀介质中于通电状况下持续工作的。所以，要求阴极结构牢固，性能稳定，耐蚀耐用，且材料来源容易，价格低廉，安装、更换方便。

在硫酸体系中可选用的阴极材料有多种，其中铂及包铂金属用作阴极具有很好的稳定性和适用性，但价格较贵。为了降低阴极材料成本，目前还采用其他耐蚀合金作为辅助阴极材料，如铬镍钢、哈氏合金 C、不锈钢 304 等。

（3）参比电极。

Hg/Hg_2SO_4/饱和 K_2SO_4 电极、$Hg/HgSO_4/H_2SO_4$（1 mol/L）电极、Pt/PtO_2 电极等是各种浓度的硫酸体系中常选用的参比电极，且硫酸的温度对它们的稳定电位影响很小。

（4）施工安装。

① 辅助阴极的安装。

目前，管道内壁阳极保护，其辅助阴极的安装有两种形式。

a. 点状阴极：也称径向阴极，即在被保护管道的径向插入辅助阴极。

点状阴极的布置是将阴极沿管道一字排列，以并联或串联的方式接至恒电位仪的负极。阴极的分布，除直管段均匀布置外，在泵出口、阀门前后、弯头等处应非均匀布置，其阴极的数量、几何形状、材料结构与直管段应有所区别，以保证这些部位阳极保护效果和满足阴极使用寿命。阴极的数量和间距与浓硫酸的浓度、温度、管道直径及长度有关，具体数据可以通过模拟实验确定。

b. 线状阴极：也称连续式阴极，即在被保护管道内由首端到末端的连续轴向安装辅助阴极。

线状阴极与点状阴极相比，其最大的优点是不用开孔或开孔很少，电流分布均匀；缺点是施工、更换比较困难。

② 参比电极的安装。

阳极保护浓硫酸管道设置若干支参比电极，其中一支作为控制参比电极，其余作为监测参比电极。

五、阳极保护和阴极保护的比较

阳极保护和阴极保护均属于电化学保护,均适用于电解质溶液中的金属保护,要求液相连续,对气相无效。但二者也有很多不同点,见表 4-10。

表 4-10　阳极保护和阴极保护的比较

类　别		阴极保护	阳极保护
适用的金属		一切金属	只适应于活化-钝化金属
腐蚀介质		弱—中等	弱到强
相对成本	安装费	低	高
	操作费	中等—高	很　低
外加电流意义		复杂,不能代表腐蚀率	通常是被保护金属腐蚀率的直接尺度
操作条件		通常由实际实验确定	可由电化学测试精确而迅速地确定

第五节　涂层与绝缘层

一、防腐涂层

防腐涂层是使用最普遍的防腐蚀方法之一,它是用无机和有机胶体混合物溶液或粉末,通过涂敷或其他方法覆盖在金属表面上,经过固化在金属表面上形成一层薄膜,使物体免受外界环境的腐蚀。涂层防腐具有选择范围广、适应性强、使用方便、价格低廉等优点。

1. 涂料的选择原则

(1)根据被涂物件的使用条件选择。

(2)根据被涂物件的表面材料性质选用。

(3)根据现有的施工条件选用。

(4)根据经济效果选用。

2. 防腐涂料的品种

防腐涂料按组分分为三种:金属涂料、无机涂料和有机涂料。

3. 涂层的施工

涂料覆盖层(涂层)与金属结合大多数是机械性的黏合和附着,而涂层的破坏绝大部分是剥落和脱层。涂层与基体之间的结合强度是决定涂层使用寿命的关键。因此,必须十分重视涂层的施工。涂层施工一般工序见表 4-11。

表 4-11　涂层施工一般工序

工序号	工程内容	处理材料	目　的
1	基底的调整	脱脂剂、除锈剂	清　净
2	底层处理	化学合成处理剂	提高附着性和防锈性（防蚀）
3	涂　底	底　漆	防锈（防蚀）
4	涂中层漆（一般两层）	指定的中层漆	找　平
5	涂表漆（2～3 层）	指定的表漆	挂膜、美观
6	质量检查	规定的方法、仪器	保证涂层质量

注：涂漆应在上一道漆干燥、固化后进行。

 **信 息 岛**

常用防腐涂料

（1）红丹漆。

红丹漆是由红丹（Pb_3O_4）与各种基料调制而成的，有红丹油性漆、红丹醇酸漆、红丹酚醛漆等。

红丹可以看成是铅酸铅（Pb_2PbO_4），其中 PbO_4^{4-} 对于金属具有缓蚀作用，因而红丹漆有很好的防锈性能。

红丹漆在石油工业应用非常广泛，一般作为底漆使用。

（2）醇酸树脂漆。

醇酸树脂漆是由多元醇、多元酸和一些单元酸通过酯化作用缩聚制得的。其漆膜坚韧，具有良好的附着力和耐候性，适用于涂装室内外金属制品的表面。

（3）环氧煤焦油沥青漆。

环氧煤焦油沥青漆是目前国内外应用最广泛的被称为高效能的防腐涂料。它的附着力、坚韧性、耐潮性、耐水性及耐化学腐蚀性各方面都较其他涂料优异。

（4）聚氨酯漆。

聚氨酯漆是多异氰酸酯和多羟基化合物反应而制得的含有氨基甲酸酯的高分子化合物。聚氨酯漆的特点是漆膜坚硬耐磨，具有优异的耐化学腐蚀性、耐碱、耐酸、耐水、耐热，对溶剂及油类也有良好稳定性。因此，它可广泛作为化学工业中设备、贮槽、管道的防腐涂料，以及作为高温、高湿和海洋气候条件下结构物、机械设备、仪器仪表的防蚀涂装。

（5）富锌涂料。

富锌涂料是由大量的锌粉及少量的成膜物质（黏合剂）混合而成的。漆膜干燥后，其中的锌粉占绝大部分（达 90％以上），所以称为富锌涂料。锌涂层不仅起机械覆盖作用，防止腐蚀介质与本体金属接触，同时在涂层损坏处有阳极保护作用、阳极覆盖层作用（覆盖层的电位比主体金属的电位低）。

另外,锌粉在使用环境中会逐渐形成锌的腐蚀产物并沉积下来,减少了漆膜的透气性,使腐蚀介质与金属表面隔断,也增强了防腐蚀性。

富锌涂料常作为底漆使用,即将它直接涂刷在钢铁制品的表面上。

(6) 氯化橡胶漆。

氯化橡胶漆也是一种比较优良的耐腐蚀材料,可用来作耐酸漆、耐碱漆、船底漆、甲板漆,也可以涂在水泥上。

(7) 环氧酚醛漆。

环氧酚醛漆具有优越的耐酸、耐碱和耐化学药品性能,特别是能耐浓度较大的农药腐蚀。但是这种漆涂刷于金属表面后,漆膜不能在常温下固化,需 180 ℃烘烤 1 h。

二、常用管道防腐绝缘层

1. 管道防腐绝缘层

常用的管道防腐绝缘层种类如下:

(1) 沥青防腐层。

(2) 环氧煤焦油沥青防腐层。

(3) 聚乙烯、硬质聚氨酯泡沫塑料防腐保温层(黄夹克)。

(4) 环氧粉末涂层。

(5) 混凝土覆盖层。

(6) 塑料覆盖层。

(7) 陶瓷或玻璃覆盖层。

石油及天然气管道常用的是(1)～(5)类,其中最常用的是(1)～(3)类。

防腐绝缘层一般分为三个等级:普通级、加强级和特加强级。

2. 防腐绝缘层结构

(1) 沥青防腐层。

普通级(三油三布)总厚度大于 4 mm。结构从里到外为:底漆一层——沥青 1.5 mm——玻璃布一层——沥青 1.5 mm——玻璃布一层——沥青 1.5 mm——聚氯乙烯工业膜一层。

加强级(四油四布)总厚度大于 5.5 mm。结构从里到外为:底漆一层——(沥青 1.5 mm——玻璃布一层)×3——沥青——聚氯乙烯工业膜一层。

特加强级(五油五布)总厚度大于 7 mm。结构从里到外为:底漆一层——(沥青 1.5 mm——玻璃布一层)×4——沥青——聚氯乙烯工业膜一层。

注:底漆为 $V_{沥青}:V_{汽油}=1:(2\sim3)$。

(2) 环氧煤焦油沥青。

普通级:底漆——面漆——面漆。

加强级:底漆——面漆——玻璃布——面漆——面漆。

特加强级:底漆——面漆——玻璃布——面漆——玻璃布——面漆——面漆。

注:底漆为环氧煤焦油沥青,面漆为环氧煤焦油沥青＋稀释剂。

第六节 缓蚀剂保护

在用量很小的情况下,能阻止或减缓金属腐蚀速度的物质称为缓蚀剂,又称腐蚀抑制剂。用缓蚀剂保护金属的方法即为缓蚀剂保护。采用缓蚀剂防腐蚀,由于设备简单、使用方便、投资少、收效快,因而广泛用于石油、化工、钢铁、机械、动力和运输等部门,并已成为十分重要的防腐蚀方法之一。

一、缓蚀剂缓蚀机理

1. 吸附理论

物理吸附:由于缓蚀剂分子与金属表面有静电引力和分子间作用力(范得华力),从而使缓蚀剂分子被吸附在金属表面上。如图 4-21 所示,在静电引力和分子间作用力的驱动下,有机缓蚀剂的极性基与金属表面吸附,而非极性基于介质中形成定向排列,于是在金属表面形成了保护膜。

图 4-21 有机缓蚀剂在金属表面吸附示意图

1—金属;2—极性基;3—非极性基

化学吸附:缓蚀剂分子和金属表面形成化学键而发生吸附,使缓蚀剂分子吸附在金属表面上。图 4-22 所示的是缓蚀剂分子中极性基团中心元素的未共用电子对和铁金属形成配价键的化学吸附示意图。

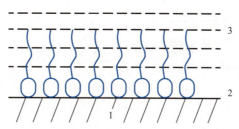

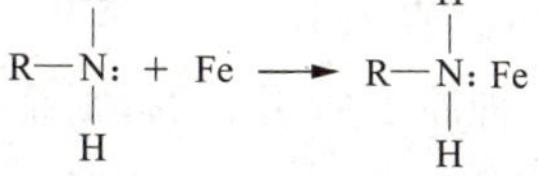

图 4-22 缓蚀剂与金属表面化学吸附示意图

缓蚀剂分子吸附在金属表面,形成了连续的吸附层,将腐蚀介质与金属表面隔离开,从而起到抑制腐蚀的作用。

2. 成膜理论

成膜理论认为缓蚀剂之所以起到缓蚀作用是由于它能在金属表面生成一层难溶

的保护膜。这种保护膜有钝化膜和沉淀膜两类。

3. 电化学理论

电化学理论认为缓蚀剂是通过加大对阴极过程或阳极过程的阻滞（极化）作用从而减缓金属的腐蚀的。

二、缓蚀剂主要缓蚀性能指标

1. 缓蚀效率

这是评价缓蚀剂缓蚀作用的重要指标，用下列公式表示：

$$Z = \frac{V_0 - V}{V_0} \times 100\% \tag{4-41}$$

式中　Z——缓蚀效率（缓蚀率、抑制效率），%；

　　　V_0——未加缓蚀剂时金属的腐蚀速度，mm/a；

　　　V——加入缓蚀剂后金属的腐蚀速度，mm/a。

Z 值越大，说明缓蚀效果越好。显然，若腐蚀完全停止（$V=0$）时，$Z=100\%$；若缓蚀剂完全没有作用（$V_0=V$）时，$Z=0$。

2. 后效性能

后效性能是指当缓蚀剂的浓度由正常使用浓度大幅度降低时，缓蚀作用所能维持的时间。这个时间越长，缓蚀剂的后效性能越好，这也表示由缓蚀剂作用而产生的金属表面保护膜的寿命越长。

三、缓蚀剂的分类

1. 按缓蚀剂作用机理划分

根据缓蚀剂在电化学腐蚀过程中主要抑制阳极反应还是阴极反应或两者同时受到抑制，可将缓蚀剂分为阳极型缓蚀剂、阴极型缓蚀剂和混合型缓蚀剂三类。

（1）阳极型缓蚀剂（阳极缓蚀剂）。

如图 4-23(a)所示，阳极缓蚀剂通过抑制腐蚀的阳极过程而阻滞金属的腐蚀。加入阳极缓蚀剂将增加阳极极化。阳极缓蚀剂的缓蚀作用表现在两个方面：一是直接阻止金属表面的阳极部分的金属离子进入溶液；二是在金属表面上形成保护膜。

如果腐蚀的减慢是由于第一种原因所引起的，则金属的腐蚀强度（单位面积的腐蚀速度）将随着缓蚀剂的加入马上降低。但是，如果是由于第二种原因所引起的，但阳极表面尚未完全被保护膜遮盖时，由于阳极面积的减小，阴极表面相对增加，有利于阴极去极化过程的进行（钝化剂本身在阴极上可以被还原），反而会引起阳极腐蚀电流密度增大，从而使腐蚀集中在残留下来的、小面积的阳极部分，以致带来孔蚀的危险。因此，在应用阳极缓蚀剂时，如果使用方法不对，加入缓蚀剂的量不足（特别是溶液中有 Cl⁻），是十分危险的。所以这一类缓蚀剂有人称之为危险缓蚀剂，使用时应特别注意。

（2）阴极型缓蚀剂（阴极缓蚀剂）。

如图 4-23（b）所示，阴极缓蚀剂主要作用在于抑制阴极过程的进行，在阴极表面上形成沉淀膜，增大阴极极化，它并不改变阳极的面积。阴极缓蚀剂的添加浓度要比阳极浓度大一些，且缓蚀效率较小些，但添加浓度即使不够也不会发生局部腐蚀的危险。

（3）混合型缓蚀剂。

如图 4-23（c）所示，混合型缓蚀剂同时抑制阳极过程和阴极过程。

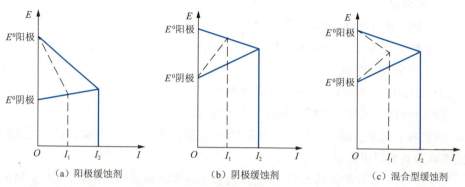

图 4-23　三种缓蚀剂缓蚀机理示意图

2. 据缓蚀剂所形成保护膜特征分类

（1）氧化膜型缓蚀剂。

这类缓蚀剂使金属表面形成致密、附着力强的氧化物膜，使其钝化，又称"钝化剂"。

（2）沉淀膜型缓蚀剂。

缓蚀剂与介质中溶解的金属离子反应形成沉淀膜，阻止金属的腐蚀。

沉淀膜与氧化膜相比，沉淀膜厚而多孔，与金属结合力较差，缓蚀效果差一些。

（3）吸附膜型缓蚀剂。

这类缓蚀剂能吸附在金属表面形成吸附膜，从而阻止金属腐蚀。这类缓蚀剂大多是有机物质，在酸性介质中缓蚀效率较高。

3. 按化学成分分类

（1）有机缓蚀剂。

有机缓蚀剂大多是含有 N，O，S，P 等极性基团或不饱和键的有机化合物，主要包括磷酸（盐）、磷羧酸、巯基苯并噻唑、苯并三唑、磺化木质素等一些含氮氧化合物的杂环化合物。

例如，铜的有机缓蚀剂种类很多，其中氨基酸类、有机聚合物类以及咪唑类等是研究较多的环保型缓蚀剂。

（2）无机缓蚀剂。

无机缓蚀剂主要包括铬酸盐、亚硝酸盐、硅酸盐、钼酸盐、钨酸盐、聚磷酸盐、锌盐等。

4. 按缓蚀剂的溶解特性分类

（1）水溶性缓蚀剂。

（2）油溶性缓蚀剂。

5. 按适用介质的酸碱性、状态分类

（1）液相中。

① 酸性介质缓蚀剂，如有机物缓蚀剂；

② 中性介质缓蚀剂，如多数无机物缓蚀剂（阳极缓蚀剂、阴极缓蚀剂）；

③ 碱性介质缓蚀剂。

（2）气相中：气相缓蚀剂（挥发性缓蚀剂）。

气相缓蚀剂又叫挥发性缓蚀剂或气相防锈剂，常温下能自动挥发出具有缓蚀作用的粒子，扩散溶解至金属表面薄层电解液中，生成保护性离子，抑制腐蚀过程。其使用形式多样并具有以下优点：

① 对金属有良好的防锈作用，不受被包装物品形状和结构的限制，可对金属的表面、内孔和沟缝进行保护；

② 金属构件表面无需防锈涂层，启封后可直接投入使用，操作方便；

③ 无须特殊设备，对金属产品储存条件要求低，防锈期长；可保持金属制品的清洁美观，易回收处理。

目前气相缓蚀剂已广泛应用于机械、军工、仪表等领域，其开发应用受到许多学者的关注。

最有效也是使用最广的一种气相缓蚀剂是亚硝酸二环己烷基胺，这是一种无毒无气味的白色结晶，挥发较慢，在较好的封闭包装空间中，室温下对钢铁制件可以有一年的有效防腐期。它的缺点是会加速一些有色金属如锌、锰、镉等的腐蚀，所以在使用时应特别注意制件中有无有色金属。

图 4-24　绿色环保型铜气相缓蚀剂

四、缓蚀剂保护的特点和影响因素

1. 缓蚀剂保护的优点

(1) 保护效果好。

采用合适的缓蚀剂及保护工艺,可以取得良好的保护效果,保护效率可达到百分之九十几,甚至达 100%。

(2) 使用方便、投资小。

对于被保护的设备,即使其结构比较复杂,用其他保护方法难以奏效,只要在介质中加入一定量的缓蚀剂,就可起到良好的保护作用,凡是与介质接触的表面,缓蚀剂都能发挥作用。使用缓蚀剂不必有复杂的附加设备,使用浓度也很低,因而投资少。

(3) 用途广。

可以应用于各种介质中,如水、石油、蒸气等的储存、运输设备,也可用在钢筋混凝土中防腐。

2. 缓蚀剂保护的局限性

(1) 缓蚀剂对材料/环境体系有极强的针对性。

需要针对不同体系通过室内实验及现场实验选择缓蚀剂类型、用量等有关参数。

(2) 一般只用在封闭和循环体系中。

因为对于非循环体系、敞开体系,缓蚀剂会大量流失,不但成本高,而且有可能造成污染。

(3) 一般不适用于高温环境,通常在 150 ℃以下适用。

(4) 对于不允许污染的产品和介质不宜采用。

(5) 在强腐蚀介质中(如酸)不宜用缓蚀剂长期保护。

3. 缓蚀作用的影响因素

1) 金属材料性质和表面状态

(1) 每一种缓蚀剂都有其适用的金属。一种缓蚀剂可能对某些金属起到腐蚀抑制作用,但对另外一些金属可能不起作用,甚至会促进腐蚀。

(2) 表面越光滑,需要的缓蚀剂浓度越小。

2) 环境因素

(1) 介质的组成。

缓蚀剂应与介质有很好的配伍性(相溶且不发生化学反应)。

(2) 介质的 pH 值。

几乎所有的缓蚀剂都有一个适用的 pH 值范围,因此必须严格控制介质的 pH 值。

(3) 温度。

不同的缓蚀剂对温度的适应程度是不同的,主要有三种情况:

① 温度 T 增加,缓蚀率 Z 下降(温度升高吸附作用减弱);

② 在一定温度范围内,缓蚀率变化不大,当温度超过某一界限时,缓蚀率 Z 大幅度下降(沉淀膜型);

③ 温度 T 上升,缓蚀率 Z 增大(温度高有利于表面氧化膜的形成)。

(4) 微生物。

当腐蚀环境中存在微生物时,可能导致缓蚀剂失效。

① 微生物会参加腐蚀过程,造成大量腐蚀产物的生成与孔蚀。

② 凝絮状真菌的产生和积累会妨碍介质的流动,使缓蚀剂不能均匀分散于金属表面。

③ 有些细菌会直接破坏缓蚀剂,缓蚀剂可能成为微生物的营养源。

3) 缓蚀剂浓度的影响

所有缓蚀剂均存在一个最低浓度,只有当缓蚀剂浓度大于此最低浓度值时,才有一定的缓蚀效率。

缓蚀剂浓度对缓蚀效率的影响有三种不同情况:

(1) 缓蚀效率 Z 随缓蚀剂浓度增大而增大。

(2) 缓蚀剂浓度达到某值时,缓蚀剂效率出现最大值。

(3) 当缓蚀剂浓度不足时,会加速均匀腐蚀或孔蚀(例如,阳极缓蚀剂中的氧化膜型缓蚀剂)。

在缓蚀剂浓度控制方面,还应注意以下几点:

① 对于长期保护的设备,首次添加缓蚀剂的量一般比经常性的操作大 4～5 倍,以利于建立稳定的保护膜。

② 保护旧设备比保护新设备所需的缓蚀剂量大,这是因为旧设备表面锈层和垢层要消耗缓蚀剂。

③ 采用不同类型缓蚀剂组合使用时,可能用较低的缓蚀剂浓度就能取得较好的缓蚀效率。

4) 设备结构和力学因素的影响

(1) 死角和缝隙的存在,使缓蚀剂不容易与所有金属表面相接触,影响对局部区域的缓蚀作用。

(2) 在造成应力腐蚀的环境条件下,对均匀腐蚀有效的缓蚀剂对应力腐蚀不一定有效。

(3) 介质的流动状态对缓蚀效率的影响比较复杂。

有的缓蚀剂的缓蚀率 Z 随流速 V 增大而下降,但有的缓蚀剂正好相反;也有的缓蚀剂浓度不同时,流速的影响也不一样。因此,不能以静态下的缓蚀剂的评定数据代替流动状态下的数据,必须做好流动实验,例如进行环道实验。

绿色缓蚀剂

缓蚀剂可能带来的环境污染问题已引起关注,对缓蚀剂选择的注意力已转移到不含重金属的类型。一种新型的缓蚀剂——绿色缓蚀剂慢慢发展起来。

1) 工业缓蚀剂的危害

工业循环水中多用聚磷酸盐,虽说缓蚀剂用量为 0.1‰~1‰,但作为工业用水来说,因为水量大,其外排到水环境中磷(P)的量还是相当大的,大量的 P 进入水体,极容易引发水体富营养化问题,故工业除垢防垢须用其他更为有效的方法。

2) 绿色缓蚀剂

绿色缓蚀剂已经成为当前缓蚀剂研究发展的重要方向。目前绿色缓蚀剂主要有以下两种。

(1) 天然植物类缓蚀剂。

植物类缓蚀剂是将植物中的有效缓蚀成分提取出来并用于金属腐蚀防护。现今使用的缓蚀剂主要来源于矿物原料等,存在着成本高、对环境污染大、有二次污染、不易降解等缺陷,而天然植物类缓蚀剂是一种绿色环保型缓蚀剂。

全球第一个缓蚀剂专利是钢板酸洗缓蚀剂,便是绿色缓蚀剂,主要成分是糖浆和植物油的混合物。目前的植物类缓蚀剂原体有:菊科类植物、桉树叶、核桃叶、金竹叶、樟树叶、酒糟、穿心莲、米糠、麻疯树、柏树籽、绿茶树、可乐树等。

(2) 氨基酸类缓蚀剂。

氨基酸来源广泛,可以通过蛋白质分解获得,同时还可以在自然环境中分解完全。由于氨基酸具有来源广泛、价格低廉和绿色环保等优点,已被广泛应用于缓蚀剂研究和应用中。

氨基酸类缓蚀剂由于其主要成分氨基酸分子中 N,S 原子上含有弧对电子,它们能够与 Fe 空轨道结合形成表面配合物吸附到金属表面并形成一层致密的吸附膜,这层膜能有效阻止金属与腐蚀介质接触,大大降低其腐蚀速度,因而对金属的腐蚀起到缓蚀作用。此外,氨基酸能够吸附金属/溶液界面比较活跃的地方,使界面的双电层结构发生变化,增大界面反应活化能,从而使腐蚀反应中的阴极反应或阳极反应受到阻滞,急剧降低金属的腐蚀速率。总的来看氨基酸类缓蚀剂的防腐蚀效果还是非常显著的。

我国近 10 年对各类缓蚀剂的研究和应用发展很快,今后着重从以下几个方面探索绿色缓蚀剂的发展:

(1) 从天然植物、海产植物中提取、分离、加工新型绿色缓蚀剂有效成分的方法。

(2) 利用医药、食品、工农业副产品提取有效缓蚀剂组成,并进行复配或改性处理,开发新型绿色缓蚀剂。

(3) 运用量子化学理论、灰色关联分析、人工神经网络方法等科学技术合成高效、低毒、多功能、新工艺型绿色缓蚀剂和低聚体新型绿色缓蚀剂。

（4）对钼酸盐、钨酸盐、稀土元素金属等无机缓蚀剂进行深入研究,研制出新型、高效绿色缓蚀剂。

（5）利用先进的分析测试仪器和研究方法,研究缓蚀剂的作用机理及协同作用机理,指导新型绿色缓蚀剂的开发。

绿色缓蚀剂的开发和应用是未来社会发展的需要,国内外学者已做了大量工作,绿色缓蚀剂将朝着平价、高效、易降解、广范围的趋势发展。

思考与练习

一、填空题

（1）_____常常是造成腐蚀破坏的主要原因。

（2）电法保护分成两大类型:阴极保护和_____,其中,阴极保护又分为_____和_____。

（3）对金属外加某一数值的电流密度（mA/m^2）,使金属任一点都没有腐蚀电流流入土壤,此时的电流密度称_____。

（4）使金属在给定环境条件下发生钝化所需的最小电流密度（临界电流密度）叫作_____。

（5）稳定钝化区电位范围越宽越好,不应小于_____,这样电位在较大的数值范围内波动而不至于有进入活化区或过钝化区的危险。

（6）缓蚀剂防腐的主要理论有_____、_____和_____三种。

（7）扩大阴极保护区的方法主要有_____和_____。

（8）列举三种常用的管道防腐绝缘层种类_____、_____、_____。

（9）一般根据经验,地下钢质管道的最小保护电位 $E'_{min}=$_____ mV。

（10）阳极埋设分为_____式和_____式两种,埋设方向有_____和_____两种形式。

二、判断题

（1）选材时应优先选用那些耐蚀性能满足使用介质要求、材料综合性能好、价格又便宜的金属和合金。（   ）

（2）在原则上,凡电位比待保护金属正的所有金属均可以作为牺牲阳极的材料。（   ）

（3）阳极保护与金属的钝性有非常密切的关系。（   ）

（4）防腐涂层是使用最普遍的防蚀方法之一。（   ）

（5）防腐绝缘层一般分为三个等级:普通级、加强级和特加强级。（   ）

（6）缓蚀剂的吸附理论都是物理吸附。（   ）

（7）一旦加入阳极型缓蚀剂,腐蚀电流密度就会降低。（   ）

（8）涂层与基体之间的结合强度是决定涂层使用寿命的关键。（   ）

（9）氧化膜型缓蚀剂又称"钝化剂"。　　　　　　　　　　　　　　　　（　　）

（10）牺牲阳极安装时必须填充适当的化学填包料。　　　　　　　　　（　　）

三、简答题

（1）地下管道以牺牲阳极保护时，简单叙述下牺牲阳极的现场安装方法。

（2）对阴极保护的两种方法进行对比，并说明各自的优点。

（3）对比阳极保护和阴极保护，并说明各自的优点。

（4）相对于其他腐蚀控制方法，简述缓蚀剂方法的优缺点。

（5）简单阐述腐蚀防护的一般原则。

第 **5** 章

杂散电流腐蚀与防护

第一节　地中杂散电流

一、定义

沿规定回路以外流动的电流叫作杂散电流，或称迷走电流。

在规定的电路中流动的电流，其中一部分从回路中流出，流入大地、水等环境中，形成了杂散电流。当环境中存在金属构筑物时，杂散电流的一部分又可能流入金属构筑物。如图 5-1 所示，管道的阴极保护系统附近有一条未受保护的电缆，流入电缆的阴极保护电流在紧靠管道的部位流出，在流出的部位电缆发生腐蚀。

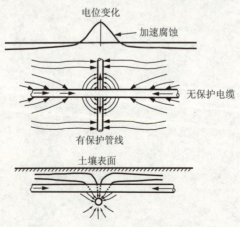

图 5-1　电缆受杂散电流的影响

大地中形成杂散电流的原因很多，而且各具特色。根据杂散电流的性质可区分为直流杂散电流、交流杂散电流和地电流三大类。

对大地中自然存在的地电流,例如地磁变化感应出来的电流,大气离子的移动产生空中与地面间流动的电流,地中物质由于温度不均匀引起的电动势以及宏观腐蚀电池电位差引起的电流等,或因其数值很小,对管道不具实际意义,或因前面已有论述,都不包含在对管道产生腐蚀危害的杂散电流范围内。

> **特别提示 ▸▸**

本书所讲的杂散电流是由于电路特性和使用电力的需要而无法避免的泄漏电流,例如电气化铁道(铁路)等设施流入地中的电流,不考虑地电流的影响。

二、直流杂散电流源

直流电气化铁路、直流有轨电车铁轨、直流电解设备接地极、直流焊接接地极、阴极保护系统中的阳极地床、高压直流输电系统中的接地极等,都是地中直流杂散电流的来源。

大地中存在的直流杂散电流,造成的地电位差可达几伏至几十伏,对埋地管路具有干扰范围广、腐蚀速度快的特点,是管路防腐中需要注意解决的问题。

三、交流杂散电流源

交流电气化铁路、交流电接地电极、两相一地输电系统、高压输电线路的磁耦合、阻性耦合等,都是地中交流杂散电流的来源。

交流杂散电流对地下油、气管路产生的干扰影响,是近年来国际上管路防护探索的新课题。

第二节　杂散电流腐蚀

一、杂散电流腐蚀定义及分类

1. 杂散电流腐蚀定义

杂散电流对金属产生的腐蚀破坏作用,称为杂散电流腐蚀。为区别土壤中的自然腐蚀(即原电池腐蚀),称这种形态的腐蚀为电蚀。通常把由于杂散电流的产生而促使金属构筑物腐蚀等的一系列过程或现象,称为干扰。所以,电蚀亦可称为干扰腐蚀。在实践中,一般将可能产生杂散电流的电路、设备或设施称为干扰源,而受到其影响的金属体称为干扰体。

2. 杂散电流腐蚀分类

在不考虑地电流腐蚀的情况下,杂散电流腐蚀按照杂散电流源的不同分为直流杂散电流腐蚀和交流杂散电流腐蚀两种。

1) 直流杂散电流腐蚀

由于直流杂散电流源对临近的埋地管线或金属结构体造成干扰而导致腐蚀的现象称为直流杂散电流腐蚀,也称为直流干扰腐蚀。直流杂散电流源中以直流电气化铁路最具代表性,同时也对埋地管道造成最大的干扰影响和危害。直流干扰腐蚀的机理是电解作用,处于腐蚀电池阳极区的金属体被腐蚀。

📖 扩 展 阅 读

杂散电流造成管道腐蚀穿孔的次数和速度都是十分惊人的。东北抚顺地区受直流干扰的管道总长 50 余 km,占该输油管理局管道总长的 2%。20 余年来,直流干扰腐蚀穿孔次数约占局辖管道腐蚀穿孔总次数的 60% 以上。该地区流进、流出管道的杂散电流高达 500 A,新敷设的管道半年内就出现腐蚀穿孔的现象多次发生。

2) 交流杂散电流腐蚀

由于交流杂散电流源对临近的埋地管线或金属结构体造成干扰,使管道或金属结构体中产生流进、流出的交流杂散电流而导致腐蚀的现象,称为交流杂散电流腐蚀,也称为交流干扰腐蚀。交流腐蚀的机理尚不十分清楚,有整流说和电击说两种。目前交流腐蚀的研究成果主要基于室内实验结果。在我国已有现场交流腐蚀的工程实例,该实例对交流电引起的腐蚀和电击说腐蚀机理是一种支持。从实验室分析结果看,交流腐蚀对金属有选择性。对于铝,当腐蚀电流密度达到某一值时腐蚀急剧增加,在同一电流密度下,腐蚀量可以达到直流干扰理论腐蚀量的 50% 左右。对于铁则腐蚀较轻微,一般情况下,不会超过直流干扰理论腐蚀量的 1%,然而比土壤中的自然腐蚀要严重一些。交流干扰所引起的腐蚀虽然不太严重,但是由于交流干扰时干扰体可能会产生较高的干扰电位,对接触干扰体的作业人员及与干扰体有电联系的设备造成伤害和破坏。

由此看出,直流干扰电流产生的危害要比交流杂散电流产生的危害严重很多,特别是在埋地管道腐蚀与防护方面,要对直流杂散电流进行重点防护。

二、两种直流干扰电流情况

直流杂散电流腐蚀有两种主要情况:一种是地中杂散电流以地下管道为回路引起的腐蚀;另一种是管道处于杂散电流产生的地电位梯度变化剧烈的区域内引起的腐蚀。

油、气管道经常遇到的是直流电气化铁路(简称电铁)漏泄电流产生的腐蚀和靠近阴极保护系统引起的干扰腐蚀。下面将对其进行详细介绍。

1. 直流电气化铁路引起的杂散电流腐蚀

直流杂散电流对金属产生腐蚀的原理,同电解情况基本一样。如图 5-2 所示,直流电气化铁路馈电方式为负极接铁轨,正极接馈电网。电动机车运行时,负荷电流的一部分经铁轨返回电源(称轨回流),一部分漏入大地,以大地为回路,返回电源(称地回流)。对绝缘不好的管道,地回流可能在绝缘破损处漏入管路,然后沿着管路流动,在另一端绝缘漏敷点离开管路,返回变电所负极。在这种情况下,电流离开之处为阳极区,发生强烈腐蚀,电流流入处成为阴极区,管路受到一定的保护。

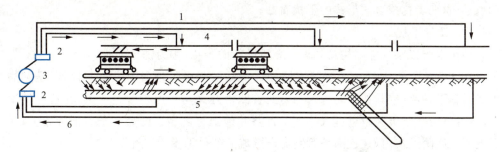

图 5-2　直流电气化铁路引起的杂散电流腐蚀原理图

1—输出馈电线;2—汇流排;3—发电机;4—电车动力线;5—管道;6—负极母线

2. 靠近阴极保护系统的干扰腐蚀

在阴极保护系统中,保护电流流入大地,引起土壤电位的改变,使附近金属构筑物受到地电流腐蚀,称干扰腐蚀。

导致这种腐蚀的情况各不相同,可能有以下几种类型的干扰。

(1) 阳极干扰。

如图 5-3 所示,在阳极地床附近的土壤将形成正电位区,其数值取决于地床形态、土壤电阻率及地床的输出电流,若有其他金属管路通过这个区域,则有电流从靠近阳极地床部分流入,而后从金属管路的另一部分流出。流出的地方发生腐蚀,这种情况称为阳极干扰。

(2) 阴极干扰。

如图 5-4 所示,阴极保护管道附近的土壤电位,较其他地区的土壤电位低,若有其他金属管路经过该区域时,则有电流从远端流入金属管道,从靠近阴极保护管路的地方流出,于是发生腐蚀,称为阴极干扰。阴极干扰影响范围常不明显,一般来说,其影响仅限于管路交叉处。

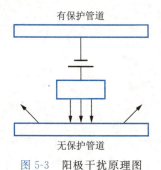

图 5-3　阳极干扰原理图　　　图 5-4　阴极干扰原理图

（3）合成干扰。

如图 5-5 所示，在城镇和工矿区，长输管道常常经过一个阴极保护管路系统的阳极地床后，又经过阴极附近，处在这种情况下，其干扰腐蚀由两方面合成。一是在阳极区附近获得电流，在某一部位泄放造成腐蚀；二是在远端吸取电流，在交叉处泄放而引起腐蚀，这两者构成合成形式的干扰腐蚀。

（4）诱导干扰。

地中电流以某一金属构筑物做媒介所进行的干扰，称为诱导干扰。

如图 5-6 所示，地下管道经过某阴极保护站的阳极附近而不靠近阴极，但是它靠近另一地下管路（或其他金属构筑物），此管路恰好又与被保护管道交叉，在这种情况下，将有电流从阳极区附近进入第一条管路并传到与之靠近的另一条地下管路上，最后在阴极区附近流出，在这两条管路流出电流的部位都发生腐蚀。

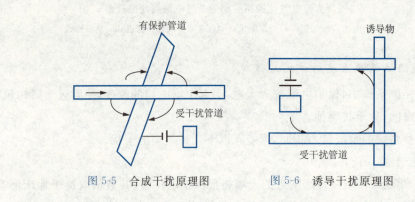

图 5-5　合成干扰原理图　　　图 5-6　诱导干扰原理图

（5）接头干扰。

由于接头处电位不平衡而引起的干扰，称为接头干扰。例如，输送电解液的阴极保护管路因安装了绝缘法兰，则在绝缘法兰两端管路内壁上将产生腐蚀。

三、杂散电流腐蚀的特点

杂散电流腐蚀与自然腐蚀相比较，有如下特点：

（1）杂散电流腐蚀是一外部电源作用的结果，而自然腐蚀是金属固有的特性。

（2）杂散电流腐蚀实质上是金属的电解过程，作为阳极的金属腐蚀量与流经的电流量和时间长短成正比，可用法拉第定律进行计算。

（3）杂散电流腐蚀的阴极区可能发生析氢破坏，而自然腐蚀的阴极区不会受影响。

四、地下金属管道遭受杂散电流腐蚀的判定指标

（1）管地电位偏移指标。

地下金属管道在直流杂散电流的影响下，通常以其对地电位较自然电位正向偏移 20 mV 作为已遭受干扰腐蚀的判定指标。是否需要采取防护措施，应通过实验确定。

（2）地电位梯度判定指标（跨步电压）。

地电位梯度判定指标（跨步电压）见表 5-1。

表 5-1　地电位梯度判定指标

大地电位梯度/(mV·m^{-1})	杂散电流大小
<0.5	弱
0.5～5	中
>5	强

（3）漏泄电流密度指标。

地下金属管道上全部流入地中的电流密度应小于 75 mA/m^2，否则有腐蚀危险。

五、直流杂散电流的危害性

直流杂散电流对埋地金属管道的腐蚀具有电解腐蚀的特点，因而腐蚀速度快，管道孔蚀速度可达 2～10 mm/年。在多个干扰源共存的情况下，管道上阴、阳极区变化大（包括幅值、段落等），因此防护难度大，而且常受多种人为因素的限制，不可能彻底控制电蚀的发生。

为防止直流干扰腐蚀造成的危害，工业发达国家都成立了专门解决电蚀问题的对策机构并制定了防止电蚀法规，各工厂、企业必须遵守。我国埋地金属管道遭受杂散电流腐蚀的事例较多，如东北输油管理局所辖长输管道，自建成以来，共发生直流杂散电流腐蚀穿孔漏油事故 20 多起，占整个漏油事故的 80% 以上，对安全输油影响很大，造成的直接、间接经济损失也是惊人的。

随着我国油、气管道的发展，直流杂散电流对管道造成的危害将会更加突出。因此我们应该掌握防止电蚀的基本方法，根据不同的干扰情况，采用恰当的抗干扰措施，减少电蚀的危害。

特别提示 ▶▶

虽然交流杂散电流可以加速阳极的溶解，但是相对来说对管体的腐蚀危害比较小。研究表明，对于 60 Hz 的交流电而言，其腐蚀作用仅为相同大小直流电流的 1%，所以，直流杂散电流的腐蚀作用更为强烈。

第三节　杂散电流腐蚀的防护

随着我国油、气管道的发展，直流杂散电流对管道造成的危害将会更加突出。管道爆炸、腐蚀穿孔等事故频繁发生，对油田安全生产和工作人员的安全造成严重威胁。因此，我们应该掌握防止电蚀的基本方法，根据不同的干扰情况，采用恰当的抗干扰措施,减少电蚀的危害。本节将对杂散电流腐蚀的防护措施进行详细介绍。

一、减少干扰源漏泄电流

杂散电流的起因是地中存在着各种电气设备产生的泄漏电流,最大限度地减少泄漏电流是防止杂散电流腐蚀的重要措施。但是干扰源的情况错综复杂,牵涉单位多,需要成立专门组织来协调这方面的工作。

二、增大安全距离

1. 管路与电气化铁路的安全距离

管路遭受电气化铁路干扰腐蚀的强度受机车运行方式、漏泄电流大小、两构筑物相对几何尺寸和位置、大地导电率、管路涂层电阻、铁轨漏泄电阻等各种变量的控制,如图5-7是通过实验得出的土壤中电流密度与铁轨距离的关系曲线。

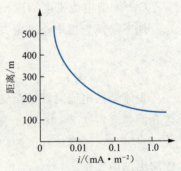

图 5-7　土壤中电流密度与铁轨距离的关系曲线

距轨道 100 m 以内的范围最危险,在此范围内,距离有少许变动都会使电流密度变化很大。距轨道 500 m 时电流密度显著减小,其危险性也减弱,在 500 m 以上时,距离的变化对电流密度的影响已很小,但在此距离内,在某种特殊条件下,仍可能有较强的杂散电流产生。

2. 阴极保护系统对邻近地下金属构筑物的安全距离

(1)阴极保护管路与附近的其他金属管路、通信电缆间的距离不宜小于 10 m,交叉时管路间的垂直净距不应小于 0.3 m,管路与电缆的垂直净距不应小于 0.5 m。

(2)阳极地床与邻近的地下构筑物的安全距离一般为 300～500 m,当保护电流过大时,还需用阳极电场电位梯度小于 0.5 mV/m 来校核。

三、增加回路电阻

凡可能受到杂散电流腐蚀的管段,其管路防腐绝缘层的等级应为加强级或特加强级。

对已遭受杂散电流腐蚀的管路,可通过修补或更换绝缘层来消除或减弱杂散电流的腐蚀。

在管路和电气化铁路的交叉点,采取垂直交叉方式,并且在交叉点前后一定长度的管道上做特加强绝缘。

存在接头干扰的管道,在绝缘法兰两侧管道内、外壁均需做良好的涂层,以增加回路电阻,限制干扰。

四、排流保护

用电缆将被保护的管道与排流设备连接,使被保护管道变为阴极性,从而防止金属管道发生阳极腐蚀称为排流保护。根据电气连接回路的不同,排流法可分为直接排流、极性排流、强制排流和接地排流。

1. 直接排流

如图 5-8(a)所示,直接排流把管道与电气化铁路变电所中的负极或铁轨(回归线),用导线直接连接起来。这种方法无需排流设备,最为简单,造价低,排流效果好。但是当管道对地电位低于铁轨对地电位时,铁轨电流将流入管道内(称作逆流)。所以这种排流法只能适用于铁轨对地电位永远低于管道对地电位,且不会产生逆流的场合。而这种可能性不多,限制了该方法的应用。

2. 极性排流

由于负荷的变动,变电所负荷分配的变化等,管道对地电位低于铁轨对地电位而产生逆流的现象比较普遍。为了防止逆流,使杂散电流只能由管道流入铁轨,必须在排流线中设置单向导通的二极管整流器、逆电压继电器等装置,这种装置称排流器。具有这种防止逆流的排流法称极性排流法,如图 5-8(b)所示。

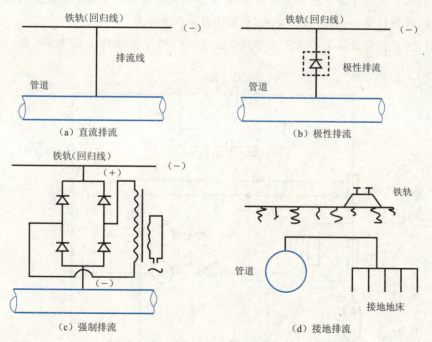

图 5-8　排流保护示意图

极性排流法是国内外最常使用的排流方法。极性排流的目的是阻止逆流,使排流电流只能向铁轨一个方向流动。极性排流器应具备下列条件:轨-管间电压在较大范围内变化时能可靠工作;正向电阻小,反向耐压大,逆电流小;耐久性好,不易发生故障;能适应现场恶劣环境条件;维修简单、方便;能自动切断异常电流,防止对排流器和管道造成损伤。

📖 **扩 展 阅 读**

　　极性排流器一般有半导体式和继电器式两种。一般情况下,使用半导体式。半导体式排流器,没有机械动作部分,维护容易,逆电流小,耐久性好,造价低。但与继电器式相比较,当轨-管电压(排流驱动电压)低时,排流量小,甚至不能动作排流。

　　过去一般使用硒堆,硒半导体结压降小,即正向电阻较小。目前大多使用硅导体(硅二极管),硅二极管整流特性好,但是耐电压冲击和过电流性能不好,所以要附加电压冲击波吸收回路和使用快速切断熔断器。硅二极管并联使用时,必须注意两个或几个二极管之间电流平衡。

　　为了限制和调节排流电流量,一般在排流回路中串入调节电阻。利用这个办法调节电流时,当管-轨电压小时,排流效果下降。为了弥补这个缺点,可以使用自动控制式排流器。

　　继电式排流器,即使管-轨间电压较低时,也能排出电流,可靠工作。但是有机械动作部分,开关接点由于较频繁的动作,极易磨损烧坏或发生故障,维修量大,造价高。在日本,按新标准,一般已很少使用,在我国应用的亦不多。

　　目前,我国排流器生产还没有形成商品化,图5-9是日本硅二极管排流器。

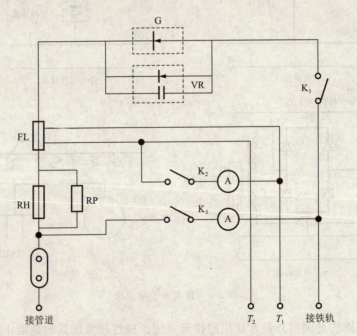

图 5-9　硅二极管极性排流器接线图

G—可控硅触发极;VR—击穿电压;FL—滤波器;RH—铝电解电容;RP—电位器

3. 强制排流

强制排流法是在管道和铁轨的电气接线中加入直流电流促进排流的方法。这种方法也可看作利用铁轨做辅助阳极的强制电流的阴极保护法。由于铁轨对地电位变化大,所以也存在逆流问题,需要有防逆流回路。

如图 5-8(c)所示,将一台阴极保护用整流器的正极接铁轨,负极接管道,就构成了强制排流法。接通电源后,进行电流调节,即实现排流。全部铁轨接地电阻很低,作接地阳极是非常适宜的。强制排流法主要用在一般极性排流法不能进行排流的特殊形态的电蚀,如 B 型电蚀的场合,铁轨对地电位正值很大,在铁轨附近杂散电流流入管道,又从远离铁轨的管道一端流出。这种方法可能使管道过保护,会加重铁轨的腐蚀,同时可能对其他埋地管道等造成恶劣的干扰影响。所以不能随意采用,对排流量也必须限制到最小。例如,在日本是否采用强制排流法,要通过地区的电蚀防制委员会确定,并提出对排流量的限制要求。

强制排流器的输出电压,应比管-轨电压高。由于管-轨电压可能是激烈变化的,要求排流器输出电压亦同步变化。由于轨-管电压变化大而频繁,且安装地点距电蚀发生点又远,所以实现输出电压同步变化很困难,建议采用定电流输出整流器。

4. 接地排流

如图 5-8(d)所示,与前三种排流法不同的是采用人工接地床代替铁轨或负回归线,即管道中的电流不是直接通过排流线和排流器流回铁轨,而是流入接地极,散流于大地,然后再经大地流回铁轨,这种排流法还可以派生出极性排流法和强制性排流法。虽然排流效果较差,但是在不能直接向铁轨排流时却具有优越性,缺点是需要定期更换阳极。

 信 息 岛

在下列一些特殊情况下,其他的排流法都不能被采用,可以考虑使用接地排流法。

(1)需要排流处距离电铁太远,排流线过长,其导线电阻较大,影响排流效果。

(2)有的干扰源在地下深层,如矿井巷道中输送矿石的直流电机车铁路,对位于其上层的埋地管道的干扰,若采用其他排流法,其排流线很难或无法与井下铁轨相连接。

(3)B 型电蚀的场合下排流,设置接地排流,亦可使电蚀得到缓解。

(4)直接、极性、强制等排流法,都会对铁路运行信号有干扰影响,预防较难,难以在铁路上实施。强制排流法还会造成铁轨的腐蚀,防护系统涉及铁轨排流的协调工作,比较麻烦。因而,接地排流法几乎成了唯一可采用的排流法。

5. 各种排流法比较

各种排流法对比见表 5-2。

表 5-2　各种排流法的对比

	直接排流法	极性排流法	强制排流法	接地排流法
电　源	不　要	不　要	要	不　要
电源电压	—	—	由铁轨电压决定	—
接地地床	不　要	不　要	铁轨代替	要（牺牲阳极）
电流调整	不可能	不可能	有可能	不可能
对其他设施干扰	有	有	较　大	有
对电铁影响	有	有	大	无
费　用	小	小	大	中
应用条件与范围	① 管地电位永远比轨地电位高； ② 直流变电所负接地极附近	① A 型电蚀； ② 管地电位正负交变	① B 型电蚀； ② 管轨电压较小	不可能向铁轨排流的各种场合
优　点	① 简单经济； ② 维护容易； ③ 排流效果好	① 应用广，为主要方法； ② 安装简便	① 适应特殊场合； ② 有阳极保护功能	① 适用范围广，运用灵活； ② 对电铁无干扰； ③ 有牺牲阳极功能
缺　点	① 适应范围有限； ② 对电铁有干扰	① 管道距电铁远时，不宜采用； ② 对电铁有干扰； ③ 维护量大	① 对电铁和其他设施干扰大，采用时需要认可； ② 维护量大，需运行费（耗电）	排流效果差

📖 扩 展 阅 读

排流点的选择

排流点选择得正确与否，对排流效果影响甚大。选择原则是以获得最佳排流效果为目的，在被干扰管道上可选取一个或多个排流点，一般都选多个排流点。排流点宜通过现场模拟排流量实验来确定，如果模拟实验较困难，亦可依据干扰调查和测定结果选择。如果实施分两期进行，那么一期实施后，初步评价排流效果不理想，再进行补充。

（1）管道上排流点的选择条件：

① 管地电位为正，管地电位和管轨电压最大的点；

② 管地电位为正，数值较大，且正电位持续时间最长的点；

③ 管道与铁轨间距离较小，且基本满足上述二条之一者；

④ 对于接地排流法，除上述管地电位的条件应首先满足外，其辅助接地极应选择在土壤电阻率较低便于接地体埋设分布的场所；

⑤ 便于管理,交通方便的场所。

（2）铁轨上排流点连接点的选择条件：

① 扼流线圈的中点或交叉跨线处；

② 直流供电所负极或负回归线上；

③ 轨地电位为负,且轨管电压最大的点；

④ 轨地电位为负,持续时间最长的点。

（3）排流电流的确定。

一般情况下,在选择了排流点之后,应进行模拟排流实验,确定排流电流量,并依据排流电流量来选择排流器及排流线的载流量等。不具备条件时,可利用下式估算：

$$J = \frac{V}{R_1 + R_2 + R_3 + R_4} \tag{5-1}$$

$$R_3 = \sqrt{r_3 \cdot \omega_3} \tag{5-2}$$

$$R_4 = \sqrt{r_4 \cdot \omega_4} \tag{5-3}$$

式中　J——排流电流量,A；

　　　V——未排流时排流点处管轨电压,V；

　　　R_1——排流器电阻,Ω；

　　　R_2——排流器内阻,Ω；

　　　R_3——管道漏泄电阻,Ω；

　　　R_4——铁轨漏泄电阻,Ω；

　　　r_3——管道钢管纵向电阻,Ω；

　　　ω_3——管道防腐层漏泄电阻,Ω；

　　　r_4——铁轨纵向电阻,Ω；

　　　ω_4——铁道道床漏泄电阻,Ω。

当采用接地排流法时,排流电流的计算公式与式（5-1）相同,但其中 R_4 用接地地床的接地电阻代入,R_4 一般应在 0.5 Ω 以下,以越低越好为原则。电压 V 如下值：

$$V = V_G - V_J \tag{5-4}$$

式中　V_G——管地电位,V；

　　　V_J——接地地床对地电位,V。

（4）排流电流的调节。

排流量要尽量大,虽然人们普遍追求这一目标是基于下面的原因,但在一些场合下,排流电流量需要做适当的调节限制,原则上调节排流电量不能以牺牲排流保护效果为代价。

① 管地电位过负,将引起管道防腐层的破坏。能促成防腐层破坏的氢过电位值应根据防腐层种类有所不同,防腐层的阴极剥离值则由实验确定。

② 对附近的其他埋设金属体造成激烈的干扰,其性质为阴极干扰,故其他的埋地金属体将受到干扰腐蚀。

③ 对有些金属或埋地金属体,如铅皮电缆,可能会产生阴极干扰腐蚀。

④ 对电气铁路回归线(铁轨)电位分布有较大的影响,从而给电气铁路造成不良影响。

⑤ 为了使排流保护管道的管地电位分布均匀,也可通过调节各种排流点的排流电流来调节。

调节排流电流的方法很简单,在排流回路中串入一只调节电阻即可达到。需串入的调节电阻值按下式计算:

$$R' = \left(\frac{I}{I'} - 1\right) \cdot \frac{V}{I} \qquad (5-5)$$

式中　R'——将排流电流由 I 调节到 I' 的限流值,Ω;

　　　I——未串入电阻 R' 的排流量,A;

　　　I'——欲限定的排流量,A;

　　　V'——管-轨电压,V。

R' 只是将排流电流由 I 调节到 I' 的一个阻值,不是排流回路中串入的电阻 R。电阻是一个包含 R' 在内的有一个可调节范围的可调电阻,一般为铸铁电阻等。

(5)排流器等额定容量的确定。

排流器、排流线、排流电流调节电阻等实验容量或额定电流,一般通过模拟排流实验或公式(5-1)计算值确定。但由于电铁负荷变化、变电所运行状态变化和管道漏泄电阻的减小等,必须留有充足的裕量,一般应为试验值或计算值的 2～3 倍。特别是排流线截面大一些,对增大排流量是有益的。无论排流量是实验值还是计算值,最低也应该是 24 h 连续测量的结果。

五、其他防护措施

1. 电屏蔽

对于靠近电铁或与电铁交叉的管路可在管路与电铁轨道间打一排流接地极(长度 100 m 左右),或穿钢套管以屏蔽漏泄电流对管道的危害。

2. 安装绝缘法兰

绝缘法兰的作用是分割管道受干扰区和非干扰区,把干扰限制在一定管段内,使离干扰源较远的管段不受干扰腐蚀。同时绝缘法兰从电气上把管道分隔成较短的段,就降低了各段受干扰的强度,简化了管道抗干扰措施。

绝缘法兰可安装在远离干扰源的边缘管段上;两干扰源相互影响的区段内;分割管内电流,减小干扰腐蚀的其他地点。但不管安装在什么地方,都需通过大量实验和电气测试,确认该点安装绝缘法兰后可以限制、缓解管道腐蚀,才能进行施工。

用于杂散电流干扰管道上的绝缘法兰,应装设限流电阻,防止过电压附属设施等。其接线原理如图 5-10 所示。

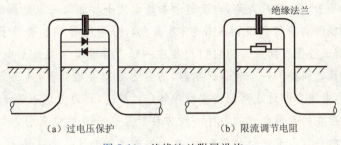

（a）过电压保护　　　　　（b）限流调节电阻

图 5-10　绝缘法兰附属设施

3. 安装均压线

同沟敷设的管道或平行接近管道,可安装均压线采用联合阴极保护的方法防止干扰腐蚀。均压线间距、规格可根据管道压降、管道相互位置、管道涂层电阻等因素综合考虑确定。

4. 安装干扰键

它是为控制金属系统之间的电流互换而设计的一种金属连接器,供电气连接的一个可调电阻连接装置。

📖 扩 展 阅 读

近些年来我国经济发展取得了举世瞩目的成绩,特别是在 2008 年世界金融危机以后,以基础设施建设拉动内需的经济政策促使以高速铁路、城市地铁为代表的轨道交通有了突飞猛进的发展。在直流驱动的轨道交通系统中,一旦回流通路与大地的绝缘存在问题,直流电流就会流入大地,对埋地管道等地下金属构筑物形成剧烈的电解腐蚀,导致金属构筑物的腐蚀速度非常快,使得它们在短时间内发生泄漏或损伤。

高压输电线路和埋地长输管道共用走廊长距离并行已经是不可避免的事实,输电设施与管道相邻,交流杂散电流在管道上可能产生交流杂散电流腐蚀。特别是超高压输电线路与外防腐层为绝缘性能优越的三层 PE 的管道平行时,可以产生上百伏的交流干扰电压,干扰的距离可达几十千米,使得管道外加电流阴极保护系统不能正常投入使用,埋地管道处于高风险状态。

杂散电流的综合治理要从项目设计入手,采取防治结合的方式。首先在管道初步设计时对杂散电流干扰源进行详细的调查,确定管道路由时尽量避开干扰源,或与干扰源保持安全距离,或者采取措施减少干扰源泄露到大地的电流量,是解决干扰问题最直接的办法。如果在同一干扰区域内存在多条管道,可以将这些管道纳入一个系统进行防护,构成统一的排流保护系统。

对在役管道要进行杂散电流干扰情况的检测,分析杂散电流干扰的种类和干扰危害的程度,根据现场的条件选取对症的杂散电流排流措施。已经确认存在杂散电流的管道可以采取屏蔽或者排流手段解决干扰问题。

屏蔽法就是于电路流入点处,在管道和杂散电流干扰源间采取电屏蔽的措施。具体做法是在管道两侧平行敷设两根锌带(屏蔽线),分别将锌带和管道引出连线到地面,在地面的测试桩上用接线排将它们短接在一起。若管道采用外加电流阴极保护,要在管道与铜线之间接入一个管道保护器,通常为固态去耦合器,使得当杂散电流试图流入管道时,电流会通过这两根连接的导体跨过管道,而避免流入管道。

治理已经存在的杂散电流的另外一种方法就是在合适的位置引入排流装置。通过对可能存在的杂散电流进行检测之后,在合适的位置补建排流装置。

专家认为,埋地管道中的杂散电流随着土壤电阻率、埋深、与杂散电流源的距离的增大而减小,随着管道涂层破损率的增大而增大。在进行管道杂散电流干扰测试时,需要注意直流杂散电流和交流杂散电流共同存在的情况,因为据研究,在同等条件下直流杂散电流和交流杂散电流共同作用时对管道的腐蚀影响程度大于直流杂散电流对管道腐蚀影响的程度,也大于交流杂散电流对管道的腐蚀影响程度。要重视交流杂散电流的腐蚀,交流杂散电流腐蚀的机理非常复杂,研究结果尚未达成共识,另外交流腐蚀监测、减缓及控制的标准还属于空白,在这方面还需要广大腐蚀工作者付出更多努力去研究、去探索。

思考与练习

一、填空题

(1) 沿规定回路以外流动的电流叫_____。

(2) 常见直流杂散电流源有_____(写出三种即可)。

(3) 常见交流杂散电流源有_____(写出三种即可)。

(4) 杂散电流根据电流的性质可区分为_____、_____和_____三大类。

(5) 杂散电流腐蚀按照杂散电流源的不同分为_____腐蚀和_____腐蚀两种。

(6) 油、气管道经常遇到的两种直流干扰电流是_____和_____。

(7) 干扰腐蚀分为_____、_____、_____和_____四种。

(8) 地下金属管道遭受杂散电流腐蚀的判定指标有_____、_____和_____三种。

(9) 直流干扰腐蚀的机理是由于_____作用。

(10) 根据电气连接回路的不同,排流法可分为_____、_____、_____和_____。

二、判断题

(1) 大地中自然存在着杂散电流。　　　　　　　　　　　　　　(　　　)

(2) 交流杂散电流的危害比直流杂散电流的危害要严重很多。　　(　　　)

(3) 大地中只要存在杂散电流就会产生腐蚀破坏。　　　　　　　(　　　)

（4）直流杂散电流源有直流电气化铁路、两相一地输电系统、高压输电线路的磁耦合等。　　　　　　　　　　　　　　　　　　　　　　　　　　　（　　）

（5）减小回路电阻可以抑制杂散电流腐蚀。　　　　　　　　　　　　（　　）

三、简答题

（1）简单陈述杂散电流和杂散电流腐蚀的定义。

（2）靠近阴极保护系统的干扰腐蚀分为 4 种，请简单说明各自的工作原理。

（3）控制杂散电流腐蚀的措施有哪些？

（4）简单阐述 4 种排流方式的工作原理。

参考文献

[1] 寇杰,梁法春,陈婧. 油气管道腐蚀与防护. 北京:中国石化出版社,2008.

[2] 曹楚南.腐蚀电化学. 北京:化学工业出版社,1994.

[3] 肖纪美,曹楚南.材料腐蚀学原理. 北京:化学工业出版社,2002.

[4] 曹楚南. 腐蚀电化学原理.北京:化学工业出版社,2004.

[5] Fontana M G,Greene N D. 腐蚀工程. 左景伊译. 北京:化学工业出版社,1982.

[6] 左景伊.腐蚀数据手册.北京:化学工业出版社,1982.

[7] 秦治国,田志明. 防腐蚀技术及应用实例. 北京:化学工业出版社,2002.

[8] Pierre R Roberge. 腐蚀工程手册. 吴荫顺,等译. 北京:中国石化出版社,2003.

[9] 白新德. 材料腐蚀与控制. 北京:清华大学出版社,2005.

[10] 李金桂,赵闺彦. 腐蚀和腐蚀控制手册.北京:国防工业出版社,1988.

[11] 赵麦群,雷阿丽. 金属的腐蚀与防护. 北京:国防工业出版社,2002.

[12] 生产测井培训丛书编译组. 腐蚀监测.北京:石油工业出版社,1991.

[13] 柯伟,杨武. 腐蚀科学技术的应用和失效案例.北京:化学工业出版社,2006.

[14] 胡茂圃.腐蚀电化学.北京:冶金工业出版社,1991.

[15] 崔之健,史秀敏,李又绿. 油气储运设施腐蚀与防护. 北京:石油工业出版社,
2009.

[16] 刘道新.材料的腐蚀与防护.西安:西北工业大学出版社,2006.

[17] 王保成. 材料腐蚀与防护. 北京:北京大学出版社,2012.

[18] 唐明华.油气管道阴极保护.北京:石油工业出版社,1986.

[19] 梁成浩.现代腐蚀科学与防护技术. 上海:华东理工大学出版社,2007.

[20] 杨筱蘅. 输油管道设计与管理. 东营:中国石油大学出版社,2006.

[21] 秦国治,丁良棉,田志明. 管道防腐蚀技术. 北京:化学工业出版社,2003.

[22] 吴荫顺. 金属腐蚀研究方法. 北京:冶金工业出版社,1993.

[23] 翁永基. 材料腐蚀通论:腐蚀科学与工程基础.北京:石油工业出版社,2004.

[24] 张宝宏,丛文博,杨萍. 金属电化学腐蚀防护. 北京:化学工业出版社,2005.

[25] 肖纪美. 应力作用下的金属腐蚀. 北京:化学工业出版社,1990.

[26] 俞蓉蓉,蔡志章. 地下金属管道的腐蚀与防护. 北京:石油工业出版社,1998.

[27] 石仁委,龙嫒嫒. 油气管道防腐蚀工程. 北京:中国石化出版社,2008.

[28] 卢绮敏. 石油工业中的腐蚀与防护. 北京:化学工业出版社,2001.

[29] 纪云岭,张敬武,张丽. 油田腐蚀与防护技术. 北京:石油工业出版社,2006.

[30] 贝克曼 w V. 阴极保护手册. 胡士信译. 北京:人民邮电出版社,1990.

[31] 贝克曼 w V. 阴极保护手册:电化学保护的理论与实践. 胡士信译. 北京:化学工业出版社,2005.

[32] 米琪,李庆林. 管道防腐蚀手册. 北京:中国建筑出版社,1994.

[33] Haimbl J. Three-layer PE coating system used on Maghreb-Europe line. Pipe Line & Gas Industry,1996,79(1):2.

[34] Development of three layer high density polyethylene pipe coating,NACE 89 paper No.415.

[35] Aalund L R. Polypropylene system scores high as pipeline anti-corrosion coating. Oil & gas Journal,1992,90(50):42-45.

[36] Song G,Atrens A. Corrosion mechanisms of magnesium alloys.Adv Eng Mater,1999(1):11-33.

[37] Biks N,Meier G H. Introduction to high temperature oxidation of metals. London:Edward Arnold,1983.

[38] Kofstad P. High temperature corrosion. London:Elsevier Applied Science,1988.

[39] Kajiyama F,Koyama Y. Statistical analyses of field corrosion data for ductile cast iron pipes buried in sandy marine sediments. Corrosion,1997,53(2):156-162.

[40] Michael M Avedesian,Hugh Baker. ASM specialty handbook magnesium and magnesium aollys. Ohio:ASM International,1999.

[41] 刘吉东,陈绍萍,刘寒冰. 国内外油气管线腐蚀泄漏检测技术. 油气田地面工程,2003,22(11):48-49.

[42] 华正汉,朱敬德,周明. 超声波检测在石油管道检测机器人中的应用. 机械工程师,2003,(1):61-63.

[43] 帅健,许葵. 在役油气管道安全评定软件. 中国海上油气(工程),2003,15(1):55-59.

[44] 钟家维,沈建新,贺志刚,等. 管道内腐蚀检测新技术和新方法. 化工设备与防腐蚀,2003,(4):31-35.

[45] 柯伟. 腐蚀科技研究的前沿领域. 表面工程资讯,2003,3(6):2.

[46] 覃斌,李相方. 含CO_2凝析气井多相流腐蚀因素. 油气田地面工程,2003,(11):53.

[47] 翁永基. 油气生产中多相流环境下碳钢腐蚀和磨损模型研究. 石油学报,2003,24(3):98-103.

[48] 王德国,何仁洋,董山英. 长距离油、气、水混输管道内壁流动腐蚀的研究进展. 天然气与石油,2002,20(4):24-29.

[49] 王慧龙,汪世雷,郑家焱,等. 碳钢在盐水-油-气多相流中腐蚀规律的研究. 石油

化工腐蚀与防护,2002,19(2):49-51.

[50] 翁永基. 含沙多相流对金属管道腐蚀-磨损及其监测. 管道技术与设备,2002, (4):26-29.

[51] 毛旭辉,吴成红,甘复兴,等. 多相流动淡水体系中碳钢的冲刷腐蚀行为. 腐蚀科学与防护技术,2001,13(S1):391-394.

[52] 吴成红,毛旭辉,甘复兴,等. 多相流动淡水体系中碳钢冲刷腐蚀电化学行为的研究. 材料保护,2001,34(11):3-4.

[53] 郑伟,帅健. 埋地管道开挖验证技术研究. 新疆石油天然气,2007,3(3):77-80.

[54] 李荣生. 漏磁检测技术在原油输送管道维修上的应用.今日科苑,2007,(18):119.

[55] 刘凯,马丽敏,陈志东,等. 埋地管道的腐蚀与防护综述. 管道技术与设备,2007,(4):36-42.

[56] 袁厚明. 埋地钢管腐蚀检测与评估技术. 石油化工腐蚀与防护,2007,24(3):32-35.

[57] 龙媛媛,石仁委,柳言国,等. 埋地管道不开挖地面腐蚀检测技术在胜利油田纯梁采油厂的应用. 石油工程建设,2007,33(3):54-56.

[58] 戴波,盛沙,董基希,等. 原油管道腐蚀内检测技术研究. 管道技术与设备,2007,(3):16-18.

[59] 杜晓春,黄坤. 埋地管道腐蚀检测新技术. 天然气与石油,2005,23(5):20-22.

[60] 黄海威. 油田埋地钢质管道腐蚀检测与安全评价. 油气田地面工程,2005,24(8):54-55.

[61] 蒋奇,隋青美,高瑞. 管道缺陷漏磁场和缺陷尺寸的关系. 物理测试,2004,(6):11-13.

[62] 张慧敏,潘家祯,孙占梅. 现有埋地管道腐蚀检测方法比较. 上海应用技术学院学报(自然科学版),2004,4(2):104-110.

[63] 蒋奇. 管道缺陷漏磁检测智能识别技术. 中国仪器仪表,2004,(6):6-8.

[64] Trethewey K P,Chamberlain J. Corrosion for science and engineering. Addison Wesley Longman Limited,2000.

[65] Song G,Atrens A,Dargusch M. Influence of microstructure on the corrosion of die cast AZ91D. Corros Sci,1999,41(2).

[66] Willian K Miller. Stress-corrosion cracking of magnesium alloys. Jones R H. Stress-corrosion cracking,Ohio:ASM,1993:251.

[67] Maker G L,Kruger J. Corrosion of magnesium. Int Mater Rev,1993.

[68] 余建星,雷威. 埋地输油管道腐蚀风险分析方法研究. 油气储运,2001,20(2):5-12.

[69] 曹阿林. 埋地金属管线的杂散电流腐蚀防护研究. 重庆:重庆大学,2010.

［70］ 尹国耀,魏振宏.杂散电流腐蚀与防护.焊管,2008,31(4):74-76.

［71］ 赵红梅.杂散电流腐蚀防护技术基础研究.大连:大连理工大学,2008.

［72］ 安全监管总局监督管理一司.山东省青岛市"11·22"中石化东黄输油管道泄漏爆炸特别重大事故调查报告［EB/OL］.http://www.chinasafety.gov.cn/newpage/Contents/Channel_21140/2014/0110/229141/content_229141.htm.

［73］ 金属腐蚀的克星:绿色缓蚀剂［EB/OL］.http://www.ecorr.org/news/renwuzhuanfang/2014/1211/9707.html.

［74］ 牺牲阳极计算［EB/OL］.http://wenku.baidu.com/link? url＝kSqyBCk9bJbUpjkbHKmyJ1LJf_h6qyoxyv4VXDSlWJs772rNa6ZT1qcbAVpU7gD0cxV4s9TsTYqE8ynyaKO5waw1KJESC1de8KvBFfb_mRu.

［75］ 硫酸输送管道阳极保护［EB/OL］.http://www.ecorr.org/prot/dianhua/yangjibaohuyingyong/liusuantixixiadej/2013/0714/6277.html.